新农村建设丛书

浆果生产技术

唐雪东　王连君　主编

图书在版编目（CIP）数据

浆果生产技术/唐雪东编.
—长春：吉林出版集团股份有限公司，2007.12
（新农村建设丛书）
ISBN 978-7-80762-059-4

Ⅰ．浆… Ⅱ．唐… Ⅲ．浆果类果树－果树园艺 Ⅳ．S663

中国版本图书馆 CIP 数据核字（2007）第 187183 号

浆果生产技术
JIANGGUO SHENGCHAN JISHU

主编　唐雪东　王连君
责任编辑　林　丽
出版发行　吉林出版集团股份有限公司　吉林科学技术出版社
印刷　三河市祥宏印务有限公司

2007 年 12 月第 1 版	2018 年 10 月第 22 次印刷
开本　850×1168mm　1/32	印张　4　字数　104 千
ISBN 978-7-80762-059-4	定价　17.00 元
社址　长春市人民大街 4646 号	邮编　130021
电话　0431－85661172	传真　0431－85618721

电子邮箱　xnc408@163.com

版权所有　翻印必究

如有印装质量问题，可寄本社退换

《新农村建设丛书》编委会

主　　任　韩长赋
副 主 任　荀凤栖　陈晓光
委　　员　王守臣　车秀兰　冯晓波　冯　巍
　　　　　申奉澈　任凤霞　孙文杰　朱克民
　　　　　朱　彤　朴昌旭　闫　平　闫玉清
　　　　　吴文昌　宋亚峰　张永田　张伟汉
　　　　　李元才　李守田　李耀民　杨福合
　　　　　周殿富　岳德荣　林　君　苑大光
　　　　　胡宪武　侯明山　闻国志　徐安凯
　　　　　栾立明　秦贵信　贾　涛　高香兰
　　　　　崔永刚　葛会清　谢文明　韩文瑜
　　　　　靳锋云

浆果生产技术

主　编　唐雪东　王连君
编　者　王连君　刘晓嘉　杨焕茹　唐雪东
　　　　张志东

出版说明

《新农村建设丛书》是一套针对"农家书屋""阳光工程""春风工程"专门编写的丛书,是吉林出版集团组织多家科研院所及千余位农业专家和涉农学科学者倾力打造的精品工程。

丛书内容编写突出科学性、实用性和通俗性,开本、装帧、定价强调适合农村特点,做到让农民买得起,看得懂,用得上。希望本书能够成为一套社会主义新农村建设的指导用书,成为一套指导农民增产增收、脱贫致富、提高自身文化素质、更新观念的学习资料,成为农民的良师益友。

目　录

第一章　绪言 …………………………………………… 1
第二章　草莓 …………………………………………… 2
　　第一节　概述 …………………………………………… 2
　　第二节　种类与品种 …………………………………… 3
　　第三节　生物学特性 …………………………………… 7
　　第四节　栽培技术要点 ………………………………… 12
　　第五节　病虫害防治 …………………………………… 18
第三章　沙棘 …………………………………………… 22
　　第一节　概述 …………………………………………… 22
　　第二节　种类与品种 …………………………………… 24
　　第三节　生物学特性 …………………………………… 30
　　第四节　栽培技术要点 ………………………………… 36
　　第五节　病虫害防治 …………………………………… 46
第四章　越橘(蓝莓) …………………………………… 48
　　第一节　概述 …………………………………………… 48
　　第二节　种类与品种 …………………………………… 49
　　第三节　生物学特性 …………………………………… 53
　　第四节　栽培技术要点 ………………………………… 58
　　第五节　病虫害防治 …………………………………… 72
第五章　黑穗醋栗 ……………………………………… 74
　　第一节　概述 …………………………………………… 74
　　第二节　种类与品种 …………………………………… 75

第三节　生物学特性 …………………………… 78
　　第四节　栽培技术要点 …………………………… 81
　　第五节　主要病虫害及其防治 …………………… 89
第六章　软枣猕猴桃 ………………………………… 93
　　第一节　概述 ……………………………………… 93
　　第二节　种类与品种 ……………………………… 94
　　第三节　生物学特性 ……………………………… 95
　　第四节　栽培技术要点 …………………………… 99
　　第五节　病虫害防治 ……………………………… 105
第七章　五味子 ……………………………………… 106
　　第一节　概述 ……………………………………… 106
　　第二节　种类与品种 ……………………………… 106
　　第三节　生物学特性 ……………………………… 109
　　第四节　栽培技术要点 …………………………… 111
　　第五节　病虫害防治 ……………………………… 118

第一章 绪 言

一、小浆果的概念

果树园艺学范畴的小浆果包括草莓、树莓、越橘、沙棘、穗醋栗、醋栗、果桑、花楸、唐棣、五味子和蓝靛果忍冬等,我们将野生浆果山葡萄、软枣猕猴桃等也列入其中。其特点是果实多浆汁,种子小而数多,散布在果实内。营养价值和药用价值极高,适应性强,抗寒性和抗病力强。果品除部分鲜食外,主要用于生产高档的饮料、果汁、果酒、果酱、糕点等加工食品,还可提取色素和多种生物活性物质,是制药工业的重要原料。种植业与加工业经济效益均较高,在欧美各国被广泛栽培,从而栽培技术与品种改良的研究受到重视,被称为"第3代果树"。本书仅介绍吉林省常见的种类。

二、栽培历史

我国的小浆果栽培历史短,基础较差。前些年黑穗醋栗热了一阵又冷了下来,原因是加工产品出口受阻,近期又出现原料不足的问题。近几年草莓栽培特别是设施栽培有较快的发展,沙棘、树莓和越橘也开始受到重视。山葡萄也明显地出现原料不足的问题。随着我国经济的发展,小浆果与国际接轨,产业化速度很快,发展潜力巨大。

从1981年开始,吉林农业大学郝瑞教授率先从国外引进小浆果品种,先后从美国、加拿大、德国、波兰、丹麦等国分20余批引进小浆果资源300余份。通过多年的试验,已选育出10个小浆果优良品种并在生产上推广。从国际市场看,小浆果产业是一项潜力巨大的朝阳产业。

第二章 草 莓

第一节 概 述

一、营养价值

草莓的果实色泽艳丽，柔软多汁，风味鲜美，营养丰富，深受消费者喜爱。据分析测定，草莓果实每百克果肉含糖6%～12%、有机酸1%～1.5%、果胶1%～1.7%、蛋白质0.6%～1.6%、脂肪0.6%、粗纤维1.4%、无机盐0.6%，维生素C含量为45～120毫克，此外，还含有丰富的矿物质，如磷、钙、铁、锌等及多种氨基酸。

草莓除具有较高的营养价值外，还有很好的医疗保健作用。草莓果实中含有草莓胺，对治疗白血病、障碍性贫血病有一定的疗效。近年又发现草莓对治疗动脉粥样硬化、冠心病及脑溢血也有较好的疗效。草莓果实中的维生素、纤维素和果胶质对缓解便秘和防止痔疮、高血压、高胆固醇及预防结肠癌等均有显著疗效。草莓中含有的SOD（超氧化物歧化酶）能消除人体内的自由基，具有延缓衰老、美容养颜等功效。

草莓果实除鲜食外，又可加工成草莓酱、草莓汁、草莓酒、草莓罐头、果糕等，还可速冻处理，便于贮藏和运输，延长保鲜期和供应期。

草莓是果树中结果最快、成熟最早、植株最小、繁殖最易、周期最短、管理方便、病虫害较少、加工容易、便于调控的一种水果。一般栽后数月即可成熟收获，设施栽培果实在春节期间即可上市供应，一年内可多次生产，周年供应市场。

二、栽培历史与现状

草莓属植物起源于亚洲、美洲和欧洲。其栽培品种繁多,分布于世界各地。西方各国大约从 14 世纪末开始栽培森林草莓,15—17 世纪栽培短蔓莓、麝香莓。1714 年荷兰从南美引进智利草莓,1726 年从北美引进深红莓。其后在荷兰、法国和英国形成许多自然杂交种。1750 年法国著名园艺家 A. Ducaesne 将智利草莓与深红莓杂交种定名为凤梨草莓,世界栽培种由此诞生。此后以英国和法国为中心普遍开展草莓杂交种的培育,使草莓在世界各地迅速发展起来。现已形成有专业化苗圃、组织栽培工厂化繁育无病毒苗的生产体系和保鲜贮藏与加工技术体系。

草莓在浆果类果树生产中,面积和产量仅次于葡萄,在小浆果中栽培面积最大。美国、日本、西班牙、意大利和波兰是草莓生产大国,产量和面积位居世界前列。目前全世界草莓的总产量为 300 万吨左右。

我国草莓栽培始于 1915 年,但一直是零星栽培,未形成商品生产。1980 年以后,随着改革开放和商品经济的发展,草莓面积迅速扩大。形成了以河北保定、辽宁丹东、黑龙江尚志为集中栽培区的生产格局,设施栽培成为主流。经过几年的快速发展,我国已成为世界草莓生产大国,我国草莓的栽培面积超过 3.33 万公顷,总产量 37.5 万吨,单产为 11 250 千克/公顷。

草莓在吉林省主要栽培在白山、通化、吉林地区。栽培历史较短,1985 年后才迅速发展起来。

第二节 种类与品种

一、种类

草莓属于蔷薇科草莓属植物,多年生草本,共有 47 个种类,在吉林省分布及有利用价值的有 5 个种类。

(一) 东方草莓

生长于草地、林下或河套等处。株高 20 厘米左右，全株密生长茸毛。叶小，花大，浆果圆锥形或圆形，红色。分布在我国东北、华北和西北等地。

(二) 森林草莓

株高 50 厘米左右，叶面光滑，花小，浆果卵圆形，果小，红色。分布在我国东北和西北等地。

一年多次结果的四季草莓是该种的一个变种，果小，种子较大，发芽力强。

(三) 凤梨草莓

又称大果草莓。株高 10～40 厘米，叶面光滑，叶背有毛，叶柄具有黄色茸毛，花大，果大，红色。世界上许多栽培品种来自本种。

(四) 深红莓

又称维吉尼亚草莓。株高 10～40 厘米，叶大而软，花中大，果实扁圆形，深红色。它是栽培品种的主要亲本之一。分布于北美洲。

(五) 智利草莓

叶面光滑，革质，花大，雌雄异花，果实椭圆形，深红色。它是栽培品种的主要亲本之一。分布于南美洲。

二、主要品种

(一) 星都 1 号

北京农林科学院果树研究所育成。果实大，一级序果平均重 25 克，最大果重 42 克；果实圆锥形，深红色，有光泽；果肉深红色，酸甜适中，香味浓，耐贮运。植株生长势强，叶椭圆形，绿色，叶片较厚；单株花序 6～8 个。较丰产，每公顷产量 2.25 万～2.63 万千克。

(二) 星都 2 号

北京农林科学院果树研究所育成。果实大，一级序果平均重 27 克，最大果重 59 克；果实圆锥形，深红色，有光泽；果肉深红色，酸甜适中，香味较浓，果实硬度高，耐贮运。植株生长势强，叶椭圆形，绿色，叶片中厚；单株花序 5~7 个。较丰产，每公顷产量 2.25 万~2.70 万千克。

（三）硕丰

浙江省农业科学院园艺研究所育成。果实大，一级序果平均重 15~20 克，最大果重 50 克；果实短圆锥形，果面橙红色，鲜艳有光泽；果肉红色，肉质细，酸甜适口，香味浓，品质上；果实硬度大，耐贮运。植株生长势强，短而粗壮；叶深绿色，叶片较厚；单株花序 3 个。产量中等，每公顷最高产量 1.93 万千克。

（四）硕蜜

浙江省农业科学院园艺研究所育成。果实大，一级序果平均重 15~20 克，最大果重 50 克；果实短圆锥形，果面深红色，果肉红色，肉质细，浓甜微酸，品质中上；果实硬度大，耐贮运。植株生长势强，短而粗壮；叶深绿色，叶片较厚；单株花序 3 个。产量中等，每公顷最高产量 2.04 万千克。

（五）全明星

引自美国。果实大，一级序果平均重 28.8 克，最大果重 63.5 克；果实长圆锥形，果面鲜红色，有光泽；果肉淡红色，肉质致密，酸甜适中，香味较浓，果实硬度高，耐贮运。植株生长势强，叶片大，深绿色；单株花序 2~4 个。较丰产，每公顷产量 2.25 万千克。成熟期较晚。

（六）哈尼

引自美国。果实大，一级序果平均重 23.3 克，最大果重 45.3 克；果实短圆锥形，果面鲜红色，有光泽；果肉橙红色，肉质细，稍硬，酸甜适中，品质上乘。植株生长势较强，叶片中等大，深绿偏灰色；单株花序 2~4 个。丰产性好，每公顷产量 3 万千克。中熟品种。

（七）丰香

引自日本。果实较大，一级序果平均重 19 克，最大果重 45

克；果实圆锥形，果面粉红色，有光泽；果肉橙红色，肉质致密，酸甜适中，香味较浓，果实硬度中等，品质中上。植株生长直立，叶片大，浓绿色；单株花序2～4个。较丰产，每公顷产量2.25万千克。成熟期较早。

（八）静香

引自日本。果实较大，一级序果平均重18克，最大果重25克；果实长圆锥形，果面鲜红色，有光泽；果肉橙红色，肉质细，酸甜适中，香味较浓，果实硬度高，品质上。植株生长势强，较直立，叶片大，浓绿色；单株花序5个以上。丰产性较好，每公顷产量2.25万千克以上。成熟期较早。

（九）春香

引自日本。果实较大，一级序果平均重18克，最大果重30克；果实圆锥形，果面深红色，有光泽；果肉橙红色，肉质致密，酸甜适口，香味浓，果实硬度中等，品质上。植株生长直立，叶片椭圆形，中等大，深绿色；单株花序2～4个。较丰产，每公顷产量2.25万千克以上。成熟期较早。

（十）女峰

引自日本。果实中大，一级序果平均重17克，最大果重24克；果实圆锥形，整齐，果面粉红色，有光泽；果肉橙红色，肉质致密，酸甜适中，香味较浓，品质极上。果实硬度高，耐贮运。植株生长直立，叶片大，浓绿色；单株花序2～4个。较丰产，每公顷产量2.25万千克。

（十一）丽红

引自日本。果实较大，一级序果平均重14克，最大果重50克；果实长圆锥形，果面深红色，有光泽；果肉橙红色，肉质致密，酸甜适口，香味浓，果实硬度大，耐贮运；品质上。植株生长直立，叶片大，深绿色；坐果率高，丰产，每公顷产量2.2万千克以上。适宜设施栽培。

(十二) 戈雷拉

引自比利时。果实中大,一级序果平均重22克,最大果重34克;果实圆锥形,有红色棱沟;果面粉红色,有光泽;果肉橙红色,肉质致密,酸甜适中,香味较浓,品质极上。果实硬度高,耐贮运。植株生长直立,叶片大,浓绿色;单株花序2~4个。较丰产,每公顷产量2.25万千克。

(十三) 杜克拉

引自西班牙。多季果品种。果实中大,一级序果平均重13克,最大果重59克;果实长圆锥形,尖部钝;果面鲜红色,有光泽;果肉粉红色,肉质致密,酸甜适中,香味较浓,品质上。植株生长直立,叶片大,近菱形,托叶粉红色;萼片反卷,花序平于叶面。较丰产,设施栽培每公顷产量2万千克。

(十四) 公四莓1号

吉林省农业科学院果树研究所杂交育成的四季草莓。果实中大,一级序果平均重23.3克,最大果重36克;果实短楔形,果面鲜红色,有光泽,并具数条深沟;果肉边缘红色,髓心白色,较大,微有空隙;春季果肉较软,微有香气,秋季果肉较硬,香气较浓,味甜酸,品质中上。植株高18.5厘米,叶片椭圆形或圆形,花序低于叶面,分支部位低。较丰产,设施栽培每公顷产量1.875万千克。

第三节 生物学特性

一、生长结果习性

(一) 根系

草莓的根系一般由着生新茎和根状茎的不定根组成,属须根系。根系的分布较浅,70%以上的根分布在0~20厘米的表土层中,密植及疏松土壤条件下根系分布略深。根系向四周扩展的范围不大,70%的根系分布于距植株10厘米以内的土壤中。草莓的老根呈暗褐色，新萌发的不定根呈乳白色至淡黄色，根的加粗生长不明显，其寿命3年左右。老根状茎的根死亡后由新茎上发出的不定根代替。

在北方地区，当土壤表层温度稳定在2℃～5℃时，根状茎即开始生长发出新的不定根，至5月上旬，当土壤温度稳定在12℃左右时，根系生长达到第1次高峰；土温超过15℃则生长缓慢。结果后根系重新开始生长，至9月中下旬，随着气温的降低，根系出现第2次生长高峰，新茎大量发生不定根，老根又不断枯死。

（二）茎

草莓的茎有3种，即根状茎、新茎和匍匐茎。

1. 根状茎 根状茎是草莓多年生木质化了的短缩地下茎，来源于新茎。草莓的新茎在生长期后期基部发出不定根，其腋芽抽生新茎分支。第2年，新茎上的叶全部枯死脱落成为外形似根的根状茎，具有节和年轮，是草莓的营养贮藏器官。根状茎从第3年开始由下而上逐渐枯死。

2. 新茎 新茎是草莓当年和1年生的茎，着生在根状茎先端或其节处，加长生长不明显，每年仅生长2厘米左右，加粗生长较旺盛。新茎上密生有长柄的叶片，叶腋着生芽，一部分腋芽萌发长成匍匐茎，一部分形成新的新茎。新茎顶芽到秋季后可分化成混合花芽，第2年抽出花序和新的新茎，新茎则成为根状茎。

3. 匍匐茎 匍匐茎是草莓的新茎腋芽当年萌发长成的一种特殊地上茎，茎细、有节，节间较长，是草莓的营养繁殖器官。匍匐茎抽生后开始向上生长，超过叶片高度后垂直向株丛间日照好的地方沿地面生长，多数品种一般在偶数节（2，4，6……）贴地面处向上生成小型叶，后出现生长点，发出正常叶，向下产生不定根，扎入土中即形成匍匐茎苗。当年形成的健壮匍匐茎苗，其新茎腋芽当年还能抽生匍匐茎，其顶芽当年还能形成混合芽，称二级匍匐茎。生产上利用这种营养苗建园，第二年即能开花结果。草莓发生匍匐茎数量的多少与品种有关,大量抽生匍匐茎时期一般在浆果采收之后。

(三) 叶

草莓的叶簇生于新茎上,呈螺旋状排列,为基生三出复叶。总叶柄长达10~20厘米,总叶柄基部与新茎相连部分有两片托叶合成鞘状包于新茎上,称托叶鞘。草莓叶多为椭圆形或卵圆形,叶面有褶,深绿色,叶背绿白色,叶柄密生长毛。

在年生长周期中,每一新茎可发出10~15片叶,叶片边生长边枯死。由于外界环境条件和植株本身的营养状况的变化,叶的寿命也不一样,一般30~130天。秋季发出的部分叶片在适宜的环境下可保持常绿越冬,寿命200天以上,这些叶片对草莓的早春生长和产量提高有重要作用。

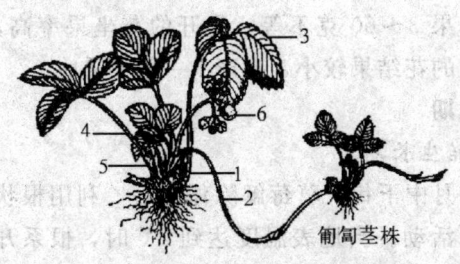

图2—1 草莓植株

1.新茎 2.匍匐茎 3.叶片 4.叶柄 5.托叶鞘 6.花序

(四) 芽

草莓的芽分为叶芽和花芽。叶芽着生于新茎叶腋,花芽着生于新茎顶端。叶芽萌发形成新茎和匍匐茎,花芽多为混合芽,来年萌发抽生出花序和新茎。

(五) 花

草莓的花序为聚伞花序,每个花序有5~20朵小花,多数草莓的花为完全花即两性花,自花授粉能结实。花序有的高于或低于叶面,也有的与叶面平。

草莓的花由花托、花萼、花瓣、雄蕊和雌蕊构成。花瓣5枚，白色。一个花序的花，一般是第1级序的一朵中心花先开，以后由这朵中心花的两个苞叶间形成的两朵第2级序花开，以此类推。草莓花期较长，约一个月。高级次的花（第3～4级）有开花不结果的现象，称为无效花。

（六）果

草莓的果实为聚合瘦果，由每朵花的肉质花托上着生的许多离生的雌蕊受精后，每一雌蕊形成一瘦果（通常称其为种子），嵌生于肉质发达的花托（食用部位）上而形成。果实为浆果，柔软多汁，内部为髓，外部为皮层，嵌在表面的瘦果有的凹入或凸出果面，也有的与果面平，一般果面平整的较耐贮运。

果实性状因品种而异。一般为圆锥形，红色。以花序第一级序果为准，单果3～60克不等。先开的花坐果率高，果实也大。后开的高级次的花结果较小，生产上一般不采收。

二、物候期

（一）开始生长期

一般在4月中下旬。草莓解除休眠后，利用根状茎中贮藏的养分开始生命活动。当地表温度达到2℃时，根系开始活动；一周后芽开始膨大并萌发，越冬保存下来的常绿小叶开始光合作用，新的幼叶陆续出现。

（二）开花结果期

在新茎发出3～4片叶时，花序在托叶鞘内微露，随后露出花序，开始开花。花期较长，一般30天左右；单花花期3～5天。由于同一花序上最初与最末一朵花开放相距20天，从开花到果实成熟20～30天，因而草莓果实的成熟期也很不一致。草莓的花期和果实的生长发育是同步进行的，开花结果期从5月中下旬到7月上中旬结束。

（三）繁殖期

一般在6月下旬到8月。果实采收后，在长日照和高温条件下，新茎、匍匐茎大量发生，新茎基部也大量生长出新根，枝叶繁茂，且生长量大，是草莓繁殖的关键时期，应加强管理，培育大苗和壮苗。

（四）花芽分化期

9～10月份，旺盛生长后，新梢顶芽利用积累的营养在较低气温（17℃）和短日照（12小时以下）条件下开始进行花芽分化，温度低于5℃或高于30℃花芽分化停止。四季草莓则不受此条件限制。

（五）休眠期

一般在10月中旬，随着气温的降低，叶内营养物质向茎和根部聚集，地上部停止生长，开始进入休眠期，可持续到来年4月上旬解除防寒为止。

三、对环境条件的要求

（一）温度

草莓的根系在0℃时开始活动，2℃以上有不定根生长，适宜的根系生长温度为10℃～15℃，8℃以下及20℃以上根系生长缓慢，－7℃发生冻害，－10℃即被冻死。地上部在5℃时开始萌芽生长，最适温度为20℃～25℃，开花结果期最低温度应在5℃以上，最适温度为15℃～20℃，低于0℃或高于35℃都会影响受精过程。

（二）光

草莓是喜光植物，又较耐阴。光照充足有利于开花结果、养分积累和花芽分化。一般在旺长前要求每天12小时以上的长日照，光照不足时营养生长强于生殖生长，造成产量下降。

（三）水分

草莓根系分布浅，植株短小，叶片大而多且更替快，新茎和匍匐茎发生多，因而需水量较多，但草莓不耐涝。要求整个生长期保持土壤湿润和疏松。

（四）土壤

草莓适应能力强，以中性或微酸性沙壤土为宜。

第四节 栽培技术要点

一、育苗

草莓的育苗方法主要有匍匐茎繁殖法、老株分株法和组织培养法。

(一) 匍匐茎繁殖法

一是直接将生产园中结果植株所发生的匍匐茎苗挖出来定植。具体做法是在草莓浆果采收后,约 7 月上旬开始,将母株周围松土、耙平,把匍匐茎引向四周,8 月上旬将幼苗与母株连接的匍匐茎剪断,使其独立生长一段时间,至 8 月中旬将健壮的匍匐茎苗挖出定植到栽植园中。二是建立专门的育苗圃。具体做法是在 5 月下旬,选比较肥沃的地块,每公顷施入有机肥 30 000~50 000 千克,然后翻地作畦,畦宽 1 米,在畦中央定植一行健壮的草莓苗,株距 0.5 米。母株上的花序及时疏除,以节省养分,促进匍匐茎苗的发生。采用此法繁殖的苗,生长健壮,根系发达,栽植后可获得较高产量。

(二) 新茎分株法

即老株分株法。生产上一般在草莓园换地重栽时采用。做法是在果实采收后,加强植株管理,当老株上新茎基部长出较多新根时,及时将老株挖出,剪除未发新根和衰老的根状茎,将带有新根的新茎分开,成为新茎苗。目前生产上不提倡使用这种苗。

(三) 组织培养法

在无菌条件下将茎尖接种于适宜的培养基上,然后不断继代培养,增生出大量的新茎后,扦插到生根培养基中,即可成脱毒苗。

二、建园

(一) 园地选择

根据草莓对环境条件的要求,草莓生产园宜建立在土壤疏松肥沃、地势较平坦、排灌方便的地方。由于草莓不耐贮运,以交通方便的城市郊区、人口密集的大型企业及食品加工厂、冷库附近为宜。在山区,选在背风向阳的山麓栽培,坡地则以东南坡为好。草莓还可作为幼龄果园的间作物。

(二) 栽培制度

草莓不宜连作,应与大田作物或蔬菜倒茬轮作。一般生产上每两年倒一次茬,最好一年一茬。

(三) 栽植方式

草莓的栽植方式主要是畦栽,畦宽60~70厘米,每畦定植2行,行距20厘米,株距15厘米,两畦间留出20~30厘米的过道,畦长可因地制宜,一般30~50米,畦栽又分平畦和高畦两种,生产上用哪一种方式,应根据实际情况而定。高畦的优点是可保持土壤的疏松结构,灌水方便;缺点是冬季保温不如平畦,防寒时畦间也要铺防寒物,以免根系受冻。平畦的畦面与地表相平,防寒比较容易,但灌水时应注意,防止泥土将苗心淹没。

(四) 栽植时期和方法

1. 栽植时期 草莓可春栽,也可秋栽。吉林省大部分地区春季干旱,植株缓苗慢,栽植当年产量低,不能形成商品产量。因而应以秋栽为主,即每年的8月上中旬栽植比较适宜。此期正是雨季,草莓定植后缓苗快,成活率高,下一年可获丰产。

2. 栽植方法 栽植前应整地施肥。定植前15天要深翻土壤,深度30~40厘米,结合翻地施足基肥,每公顷施有机肥40 000~50 000千克,磷肥200~300千克,与土拌匀,作畦。

栽前要挖好栽植穴,栽植时苗的根颈应与地面平齐,然后埋土。栽深则土壤埋过生长点,容易烂苗;栽浅则根系外露,苗容易风干枯死。栽后要灌透水。

三、土肥水管理

(一) 土壤管理

早春撤除防寒物后及时中耕,以提高地温,保持土壤水分,促进植株生长。7月初,要特别注意疏松土壤,以利匍匐茎苗扎根。同时注意保持畦面无杂草。

（二）施肥

基肥主要在栽前耕翻时施入，每公顷施基肥 60 000 千克左右，加过磷酸钙 300 千克、钾肥 150 千克。基肥不足的可进行追肥，在萌芽前、开花前及采收后进行，每公顷追氮肥（尿素或磷酸二铵）225 千克、磷肥（过磷酸钙）150 千克、钾肥 100 千克。开始生长期及采果后宜施氮肥，花芽形成期施磷、钾肥，可开沟施肥或随灌水施入。

（三）灌水

草莓生长需要较多的水分，应经常保持土壤湿润。吉林省春季干旱，可在春季萌芽及展叶时灌 1 次水；花期至果实膨大期需水量较多，可灌第 2 次水；到秋季（9～10 月）花芽分化阶段，北方地区常遇晴朗干燥天气，如干旱可灌第 3 次水。灌水可结合施肥进行，灌水方式最好采用滴灌或喷灌。

四、其他管理

（一）撤除防寒物，清理园地

春季当地表温度回升到 0℃时，草莓的根系便开始活动；当气温达到 5℃时植株开始生长。因此早春气温回升时应及时撤除防寒物，如不及时撤除，则影响幼苗生长，严重时造成死亡。撤除防寒物可分两次进行，第 1 次是当气温回升至 0℃时，先撤去地膜上面的防寒物，如没有地膜则撤去防寒物的 1/2，以利阳光透入，提高地温；当气温升至 5℃时，将防寒物全部撤除，同时清理一次防寒物和越冬后干枯的老叶。

（二）疏花蕾及弱花序

一般情况下，一株草莓可长出 1～3 个花序，每个花序上有小花几朵至十几朵，先开的花结果大，后开的花结果小，有的没有食用价值，这些花在形成及果实发育的过程中，白白地消耗了养分，所以应及时摘除。一般每株草莓以先开的 10 朵花较好，每花序留 4～5 朵花，其余摘去，株丛下部发出的弱花序也应摘除。

（三）摘除老叶病叶

草莓的叶不断长出又不断变老或枯死，老叶对花芽分化有抑制作用，因此应从6月份开始适时摘除老叶及病叶，保证通风透光。

（四）果实采收及包装

草莓开花后30天左右果实开始成熟，因开花有早晚，果实也是陆续成熟的。果实采收期一般可持续20～30天。草莓果实特别柔软易破，当果面有2/3变红色时即可采收，采果时将果从果柄基部摘下，不要弄掉萼片，以便于果实的保存。

（五）间苗及移栽

果实采收后，植株便会大量发生匍匐茎苗，一株草莓每年可发出十几株到几十株匍匐茎苗，如不进行间苗移栽，则会造成植株过密，通风透光不良，病虫害加重。所以，7～8月当大量匍匐茎苗扎根后，可按原株行距保留母株，而将匍匐茎苗移栽或出售。也可将健壮的匍匐茎苗保留，而将母株和其余较弱小的苗挖出。

（六）越冬保护

初冬当气温下降至－5℃之前，必须进行防寒。一般先用地膜进行覆盖，然后在地膜上再盖5～7厘米厚的稻草或树叶。如不盖地膜，也可直接覆盖10厘米的稻草或树叶。其中以地膜加稻草和地膜加树叶的防寒效果最好。

五、设施栽培

设施栽培包括促成栽培和半促成栽培。前者是在加温温室内栽培草莓，根据生育期给予不同温度、光照等条件，使果实在冬季成熟。但加温温室成本高，不宜大面积推广。半促成栽培是早春利用日光加温，促进草莓提早成熟。这种栽培方式可使草莓果实的成熟期比露地栽培提早30～40天，增产10％～70％。经济效益明显提高。

(一) 日光温室栽培

1. 打破休眠 花芽分化前的 8 月中下旬或花芽分化后的 10 月上旬在日光温室中定植，秋末 10 中旬温度下降到 5℃时覆盖保温膜（保温初期），此期草莓正处于休眠期，因此，打破休眠是半促成栽培首先要解决的问题。在基本满足草莓休眠对低温要求的前提下，高温、长日照和赤霉素对打破休眠和促进生长有明显的作用。打破休眠的温度一般在 13℃以上；而日照时间，一般 13.5 小时的白炽灯光照和 11 小时左右的自然日照都具有打破休眠的效果；在保温后 10 周内喷 1～2 次 5～10 微克/克的赤霉素可打破休眠。

2. 温度和湿度管理 在保温初期，为了加速根、叶的生长，尽快增加叶数和叶面积，应快速升温，白天温度保持在 30℃左右、夜间保持在 10℃左右、地温以 17℃～23℃为宜。

开花期，温度白天控制在 20℃左右，超过 25℃及时换气降温、夜间保持在 8℃，不能低于 5℃。湿度保持在 30%～50%。

果实膨大期，白天温度控制在 20℃～24℃、夜间 5℃～7℃；湿度维持在 60%～70%。

果实成熟期，白天温度控制在 20℃～25℃、夜间 8℃～10℃，不超过 10℃；湿度维持在 60%～70%。

3. 肥水管理 日光温室草莓栽培在果实膨大、生长和成熟期都需要充足的水分和养分，肥水管理非常重要，尤其是前期的旺盛生长已消耗了大量的养分，如果施肥不及时，会影响产量和品质。此期可喷施 0.5%的氮磷钾复合肥，每公顷 1200 千克。喷施的次数可根据植株生长势而定，一般在生长季喷 2～3 次。

保温初期，温度提升快，植株需水量也大，及时浇水非常必要。但一般在采收第 1 茬果前后不灌水，后期土壤干时再浇水。

4. 植株管理

（1）去除老叶、覆盖地膜 保温初期剪去老叶，留 2～3 片新叶；除草后灌透水，再覆盖一层地膜。

(2) 摘除匍匐茎和侧芽 保温后应将茎下部多余的腋芽摘除，留最上部两个腋芽，集中养分。

(3) 疏花疏果 花序过多时，疏去弱花、畸形花和晚开的花，坐果后疏除受精不良的畸形果、裂果和过早变白的小果。

(二) 大棚栽培

1. 大棚规格 宽8米，长60米，中间高2~2.5米。每棚作畦12个，畦宽40厘米，长边与大棚的长边平行。每畦之间留25厘米的过道。

2. 苗木定植 在8月末花芽分化之前定植完，定植后灌透水。定植过晚影响花芽分化。

3. 扣棚 10月中旬当气温降至5℃时扣塑料薄膜。

4. 温度调节 草莓在生长期的最适温度为15℃~25℃，最高不能超过30℃。

5. 轮作改土 果实采收后，将棚内植株全部挖出，移栽到繁殖圃内，促其发生匍匐茎苗。棚内可种植生育期较短的蔬菜作物，8月下旬蔬菜收获后，再定植草莓，采用轮作制度，减少病虫害的发生。

(三) 小拱棚栽培

小拱棚的规格一般是高1米左右，宽度根据畦宽来确定，每拱棚可扣一畦或二畦。扣棚时间为3月中下旬。由于小拱棚内空间小，温度变化幅度大，升温和降温比较迅速，所以当白天气温升到25℃以上时，先打开拱棚两端的塑料薄膜通风降温，如温度继续上升，可将拱棚薄膜全部掀开，傍晚气温降至20℃时覆盖薄膜保温。其他管理可参照大棚和露地进行。

(四) 地膜覆盖栽培

秋末冬初草莓防寒时，用0.015毫米厚的透明地膜或黑色地膜覆盖在畦面上，畦的两侧用土将地膜压紧，每公顷用地膜150千克左右。扣地膜可提高产量10%~50%，提早成熟7~10天。春季植株开始生长时，在苗上方破膜，通风1~2天后将苗提出。

扣黑色地膜可消灭杂草，但影响光合作用，造成植株死亡，所以扣后应立即破膜，将草莓露出膜外。再用稻草或树叶覆盖防寒。也可用透明地膜防寒，春季在行间加盖一层黑色地膜防除杂草。

其他管理同露地栽培。

第五节 病虫害防治

一、主要病害及其防治

（一）灰霉病

是草莓栽培中最严重的病害之一。主要为害花及果实，先浸染幼果，后蔓延至花序。当浸染成熟果实时，果面呈水浸状淡褐色斑，逐渐转为暗褐色，果实变腐，表面附生一层灰色霉状物。在浆果成熟期症状最为明显。连雨天、排水不良、多肥密植的地块，或棚内换气不畅、湿度过大时易发病。病原菌在受害组织的内部越冬。

防治方法：

（1）收集并深埋受害的叶和果。

（2）控制土壤湿度，避免湿度过大，合理密植，清除杂草，改善通风透光条件。

（3）在育苗期和覆盖大棚前要定期喷克菌丹500倍液或70%甲基托布津可湿性粉剂1500倍液。

（4）发病初期可喷抑菌灵可湿性粉剂500～800倍液，或50%速克灵可湿性粉剂2000～2500倍液，或25%甲霜灵可湿性粉剂600倍液，隔10～15天1次，连续防治2～3次。花前或花后可用等量式波尔多液喷洒。

（5）如发生在保护地，可用抑菌灵熏蒸，每立方米用0.1克。

（二）白粉病

为草莓园常见病害。发生于叶片、叶柄、花、花梗及果实上。发病叶片发生暗褐色污斑,叶背斑块上具白色粉状物,后期呈红褐色斑,叶缘萎缩。花瓣受害后呈紫红色;幼果受害后也呈紫红色,发育停止,后期果面呈白色。病菌在植株上常年寄生,感染母株后容易浸染匍匐茎。

防治方法:

(1) 加强管理,经常进行田园清扫,及时去除病叶、枯叶并烧毁;

(2) 栽植前用70%甲基托布津可湿性粉剂1000倍浸苗5分钟;

(3) 苗期防治要彻底,大棚覆盖前要喷1次600倍石硫合剂;

(4) 发病初期喷15%粉锈宁可湿性粉剂1500倍液或20%粉锈宁乳油1500~2000倍液,午前喷药;

(5) 棚室栽培草莓用硫黄熏烟消毒,方法是定植前几天将大棚或温室封闭,每100立方米用硫黄粉250克,锯末500克拌匀后,分别装入小塑料袋分放在室内不同位置,晚上点燃熏1夜;

(6) 果期喷2%抗菌霉素水剂200倍液。

(三) 叶斑病

叶斑病又称蛇眼病、白斑病。主要为害叶片,果实采收后易得此病,其症状是受害叶片表面出现紫红色小斑点,逐渐扩大成圆形或椭圆形,边缘为紫褐色,中间灰白色,呈蛇眼状。

防治方法:

(1) 加强后期田间管理,及时摘除老叶,控制好湿度;

(2) 发病初期用75%百菌清粉剂500~700倍液喷布,或用70%甲基托布津可湿性粉剂1500倍液,喷2~3次,间隔7~10天。

(四) 芽枯病

真菌病害。主要为害芽、叶和花蕾等。被害的花蕾、幼芽呈青枯状,叶和萼片呈褐色斑点,叶柄和果梗基部变黑,叶片下垂,坐果减少,严重时整株死亡。

防治方法：

（1）加强管理，避免深栽草莓，棚室要搞好通风换气，防止湿度过大；

（2）发病后可喷克菌丹 400～600 倍液或敌菌丹水剂 600 倍液；

（3）被害严重的植株要挖出并烧毁。

二、主要虫害及其防治

（一）蚜虫

蚜虫在草莓上全年都有发生。设施栽培条件下，由于温度较高，蚜虫发生较多。蚜虫主要在幼叶、叶柄和叶背吸食汁液，还传播病毒，为害严重。蚜虫以成蚜在植株和老叶下面越冬，在温室内几乎常年活动、繁殖。

防治方法：

（1）生物防治可利用其天敌瓢虫和草蛉虫来防治；

（2）药剂防治可用 40% 乐果 1500～2000 倍液喷施，或在开花前用 50% 地亚农乳剂 1500 倍液喷施。

（二）红蜘蛛

为害草莓的红蜘蛛有多种，以二点叶螨较多。在叶背刺吸汁液，叶片皱缩，叶面呈黄白色，严重时整个叶片枯萎死掉，抑制了植株生长。1 年发生数代，繁殖力较强。以成虫潜伏在叶背、土缝或杂草根部越冬并在其上繁殖。

防治方法：

（1）早春应及时摘掉下部枯萎老叶；

（2）药剂防治用 40% 乐果乳油 1500 倍液喷杀，或用杀螨利果 2000 倍液喷杀，或用溴螨酯乳油 1000～1500 倍液喷布。

（三）线虫

主要是芽线虫和根瘤线虫。前者为害芽和匍匐茎，轻的新叶发育不良，皱缩畸形，重者植株萎蔫。后者为害根部，形成大小不等的根结（瘤），剖开后可见许多细小的乳白色线虫埋于其内。

防治方法：

（1）选择抗线虫品种或培育无线虫苗。繁苗时发现有被害症状的植株及时拔除烧毁；

（2）实行轮作，避免残留在土中的线虫继续为害；

（3）在定植前用50％硫黄悬浮液200倍或50％敌敌畏乳油800～900倍浇灌。

（四）蛴螬

为金龟子的幼虫，是田间主要害虫。咬食草莓根和茎，使植株枯萎致死。

防治方法：

（1）利用成虫特性早晨进行人工捕捉。

（2）栽植前用辛硫磷、水胺硫磷处理土壤和堆肥；在开花前用80％敌敌畏1500倍液喷布。

第三章 沙　　棘

第一节　概　　述

一、经济意义

沙棘的叶和果实等器官中，富含维生素类、胡萝卜素类、黄酮类、甾醇类、氨基酸类、脂肪酸类等多种天然化合物，据不完全统计，约12类近300种。其中一些有较强的生理活性，称生物活性类物质，有极高的药用价值和疗效，可作为药物；另一些主要起营养保健作用，称营养类物质，含有维生素 E、维生素 C、维生素 K（叶绿醌）、维生素 A 原（胡萝卜素）、维生素 B（B_1，B_2，B_6）、维生素 P（儿茶素、白花青素、花青素、黄酮、黄酮醇、黄烷酮、查耳酮、脱氧查耳酮、芳香苷和酚酸等），α－胡萝卜素和β－胡萝卜素。已鉴定的甾类化合物多达20余种，其中最重要的有β－谷甾醇、β－香树素和α－香树素。挥发油类有脂肪族也有芳香族化合物，多为萜和倍半萜的衍生物，按功能基分为烃、醇、醛、酮、酯、内酯、醚、酚等200余种。根皮和茎皮中含有5－羟色胺。沙棘果实和叶中 SOD 含量较高，超过人参，含有17种氨基酸，其中8种必需氨基酸及多种微量元素。

沙棘果实还是我国藏医和蒙医用来治病的常用药物，它具有祛痰、利肺、养胃、健脾、活血、祛瘀等药理功效，在唐代的《四部医典》和清代的《晶珠本草》等医书中都有记载。由于沙棘含有上百种生物活性物质，决定了沙棘是一种十分宝贵的药用植物。目前，文献报道的沙棘医疗作用有：降血脂、抗心律失常、抗心肌缺血、治疗冠心病和缺血性心脏病、缓解心绞痛；可治疗慢性气管炎、肺脓肿、肠炎、溃疡、子宫颈炎；对烧伤、烫伤、刀伤、冻伤等有促进组织再生和上皮组织愈合的作用；治疗五官科手术伤口疗效好；对沙眼、角膜炎等有显著疗效；还可抗辐射损伤；能治疗多种儿科疾病；特别是对早期胃癌、皮肤癌和食道癌等疗效显著。此外，沙棘还具有工业原料价值。

沙棘果实是加工各种高级饮品和食品的理想原料，近年来我国的沙棘食品业兴旺发达，在全国各地已有200多个厂家开发了上百种沙棘产品，产值超亿元。常见的沙棘加工产品有沙棘罐头、沙棘糕、沙棘饼干、沙棘果酱、沙棘泥、沙棘脯、沙棘汁、沙棘晶、沙棘汽酒、沙棘精、沙棘果露、沙棘冰淇淋、冰糕等多种食品和饮品。沙棘酒浓香、透明、清凉可口，酒质好于葡萄酒。俄罗斯等国把沙棘食品和饮料作为航天、潜水、登高人员及妇婴的必备营养品。沙棘经济林的建设将为西部发展食品工业提供原料。

沙棘还具有饲料和燃料价值，沙棘的萃取物广泛应用于开发化妆品，美容霜、护肤霜、洗发香波、浴液等，还用于植皮和美容手术。经济开发潜力巨大。

二、栽培历史与现状

沙棘是一座宝藏，根、茎、叶、花、果都具有珍贵价值，其根有根瘤可固氮，可防止水土流失，改善生态环境；茎可提取抗癌物质——5-羟色胺；叶可作饲料，又可作沙棘茶；花可作蜜源；果实含多种营养成分，尤其是沙棘油，是多种生命活性物质的浓缩剂，在现代医学中有广泛的用途。因此苏联称它是"一种具有众多特性的，独一无二的植物"，也是集经济效益、社会效益、生态效益于一身的无污染无废料的植物，日益受到人们的重视。在沙棘资源开发利用方面，苏联已有70多年的历史，处于世界领先地位。蒙古国的沙棘研究始于20世纪60年代初。1964年布·拉根开始了本国的沙棘良种选育，1979年也选育了"乌兰格木"、"泰勒"和"强格曼"等优良品种。芬兰重视沙棘资源的保护，在沙棘生态学、分类学、食品化学及加工等方面都有较深入的研究。ArneRousi 对沙棘属植物的分类学研究作出了重要贡献。我国对沙棘的利用较早，但真正研究与开发利用沙棘是在 20 世纪 80 年代中后期，并出版了《沙棘》杂志（1988 年创刊）。人工沙棘林面积已超过 200 万公顷，居世界第 1 位。同时对沙棘的生物学、引种与品种选育等进行了深入研究，特别是综合利用研究得到广泛重视，生产沙棘产品的厂家达到 300 余家。

吉林省从 20 世纪 80 年代开始引入中国沙棘。吉林农业大学从 20 世纪 90 年代初开始从俄罗斯和内蒙古引入大果沙棘，建立了两个大果沙棘试验基地。全省人工沙棘林面积已达到 3000 多公顷，沙棘加工产品的开发已初见成效。

第二节　种类与品种

一、种类

沙棘为胡颓子科沙棘属植物。全世界共分为 2 组 6 种 12 亚种。

（一）无皮组

包括 2 种 8 亚种。

1. 鼠李沙棘　包括 8 个亚种：中国沙棘、云南沙棘、中亚沙棘、蒙古沙棘、高加索沙棘、喀尔巴千山沙棘、海滨沙棘、溪生沙棘。

2. 柳叶沙棘。

（二）有皮组

包括 4 种 4 亚种。

1. 棱果沙棘　包括两个亚种：理塘沙棘和棱果沙棘。

2. 江孜沙棘。

3. 肋果沙棘　包括两个亚种：密毛肋果沙棘和肋果沙棘。

4. 西藏沙棘。

（三）我国较有价值的种和亚种

1. 柳叶沙棘　分布在西藏南部，树高 5 米，近无刺。果实橙色，圆形，百果重19.0克，出汁率76.6%，含糖量高。

2. 西藏沙棘　产于青海、西藏、甘肃、四川。树高仅8～60厘米，枝无刺，果大，百果重为40.0克，出汁率高达82.5%，含糖量高。种子不饱和脂肪酸含量为88.2%。此种为中国特有的珍贵资源。

3. 肋果沙棘　产于青海、甘肃、四川和西藏。树高0.5～5米，抗寒、抗风力极强，果实极小，百果重4.5克，果汁极少，含糖量低。

4. 沙棘　又称鼠李沙棘，其亚种有：

（1）中国沙棘　我国19个省区均有分布，适应性强。树高1～5米，果实圆形、扁圆或椭圆形，橙黄、黄色、橘红或红色。果实大小和颜色变异较多。百果重18.3克，出汁率79.1%，含糖量中等。

（2）中亚沙棘　主要分布在新疆西部和甘肃西北部。能适应干旱气候。树高可达6米，果实椭圆或倒卵圆形，百果重19.5克，栽培品种果实较大。出汁率80%，含糖量中等。变异类型较多。前苏联从本种中选育出许多大果、无刺和高产品种。

（3）蒙古沙棘　主要分布在新疆北部。能适应干旱气候，抗寒，树高2～6米，果实圆形或近圆形，百果重20.8克，出汁率78.2%，含糖量中等。

（4）云南沙棘　主要分布在云南西北部、四川西南部和西藏东部。树高3.5～6米，果实圆形，百果重16.5克，出汁率78.1%，含糖量中等。种子不饱和脂肪酸为83%。

5. 江孜沙棘　产于西藏雅鲁藏布江河谷滩地。树高5～8米，果实椭圆形，具6棱，百果重6.5克，出汁率低，为33.5%。此种含糖量低。

二、主要品种

（一）加工品种

1. 金阳　吉林农业大学从俄罗斯大果沙棘的实生后代中选

育。枝条生长势强，基本无刺，抗寒、抗旱、抗盐碱、早熟。4年生树高 1.55～1.65 米、冠径 1.6 米×1.5 米。果实圆柱形，橙黄色；果柄 5～6 毫米，平均单果重 0.81 克，4 年生株产 2.2 千克。在吉林省 4 月 18 日萌芽，5 月 2 日开花，8 月上旬果实成熟。

2. 巨人　引自俄罗斯，为大果沙棘。4 年生树高 1.5～1.6 米、树冠 1.7 米×1.5 米，树势较强，枝条半开张，基本无刺，抗寒，属中熟品种，果实呈近圆柱形，金黄色；果柄 4～5 毫米，平均单果重 0.85 克，4 年生株产 2.1 千克。在吉林省栽培 4 月 20 日萌芽，5 月 3 日开花，8 月上旬果实成熟。

3. 向阳　引自俄罗斯，为大果沙棘。4 年生树高 1.8 米、树冠 1.9 米×1.7 米，树势较强，枝条微张，基本无刺，抗寒、抗病，果实圆柱形，橙黄色；果柄 5～6 毫米，平均单果重 0.92 克，4 年生株产 2.4 千克。在吉林省 4 月 17 日萌芽，5 月 4 日开花，8 月上旬果实成熟。

4. 秋阳　吉林农业大学从蒙古大果沙棘实生后代中选育。枝条生长势强，基本无刺，抗寒、抗旱、抗盐碱、早熟。4 年生树高 1.65～1.75 米、冠径 1.7 米×1.6 米。果实圆柱形，橙黄色；果柄 5～6 毫米，平均单果重 0.75 克，4 年生株产 2.4 千克。在吉林省 4 月 18 日萌芽，5 月 2 日开花，8 月上旬果实成熟。

5. 楚伊（丘伊斯克）　俄罗斯大果沙棘，枝条无刺或少刺，为俄罗斯西伯利亚地区主栽品种之一。树体灌丛型，树高约 2.0 米，果实多卵圆形或椭圆形，橘黄色；果柄长 3～5 毫米，果实横径 0.7～0.9 厘米、纵径 0.9～1.1 厘米，百果重 40～50 克，公顷产量 10 吨。

6. 乌兰格木　枝条无刺或少刺，树体灌丛型，生长旺盛，萌蘖力强；树高 1.5～2.0 米。果实多卵圆形，橘黄色，顶端有红晕；果柄长 4 毫米，果实横径 0.8～1.1 厘米、纵径 1.0～1.3 厘米，百果重 60 克，公顷产量 10～15 吨。

7. 乌兰沙林　蒙古国乌兰格木沙棘的实生后代。抗性强。枝条无刺或少刺，树体灌丛型，生长旺盛，萌蘖力强；树高1.5~2.0米，果实多卵圆形，橘黄色，顶端有红晕；果柄长4~5毫米，果实横径0.8~1.1厘米、纵径1.0~1.3厘米，百果重60克，公顷产量15~18吨。

8. 丰产沙棘 引自俄罗斯，为大果沙棘。4年生树高1.8米、树冠1.9米×1.7米，树势较强，枝条微张，基本无刺，抗寒、抗病，果实圆柱形，橙黄色；果柄5~6毫米，平均单果重0.8克，果实横径0.9~1.2厘米、纵径1.1~1.3厘米，4年生株产2.5千克。在吉林省4月17日萌芽，5月4日开花，7月末果实成熟。公顷产量17~20吨。

9. 琥珀沙棘 引自俄罗斯，为大果沙棘。4年生树高1.6米、树冠1.7米×1.5米，树势较强，枝条微张，基本无刺，抗寒、抗病，果实圆柱形，橙黄色；果柄4~5毫米，平均单果重0.7克，果实横径0.8~1.1厘米、纵径1.0~1.2厘米，4年生株产2.3千克。在吉林省4月17日萌芽，5月4日开花，8月上旬果实成熟。

10. 辽阜1号 俄罗斯大果沙棘"楚伊"的后代。枝条无刺或少刺，树体灌丛型，较开张，生长旺盛，萌蘖力强；树高为1.5~2.0米，果实多卵圆形，橘黄色，顶端有红晕；果柄长4~5毫米，果实略小，果实横径0.7~1.0厘米、纵径0.9~1.1厘米，百果重40~60克，公顷产量10~15吨。成熟期在7月底至8月初。

11. 辽阜2号 俄罗斯大果沙棘"楚伊"的后代。枝条无刺或少刺，树体较紧凑，分支角度小，顶端优势明显，生长旺盛，萌蘖力强；树高1.5~2.0米，果实多卵圆形，橘黄色，顶端有红晕；果柄长4~5毫米，果实略小，果实横径0.7~1.0厘米、纵径0.9~1.1厘米，百果重40~60克，公顷产量10~15吨。成熟期在8月中旬。

12. 橘丰 在中国沙棘中选出的大果、丰产型品种。树体主干型,树高约4米,果实近球形或扁圆形,果实橘黄色;果柄长2.5毫米,果实横径0.8~0.9厘米、纵径0.5~0.7厘米,百果重25~35克,单株产量可达20千克,每公顷产量可达15~18吨。缺点是枝条有刺。

13. 橘大 在中国沙棘中选出的大果、丰产型品种。树体主干型,树高约4米,果实近球形或扁圆形,果实橘黄色;果柄长2毫米,果实横径1.0厘米、纵径0.8厘米,百果重40克,单株产量可达20千克,每公顷产量可达10~13吨。缺点是枝条有刺。

14. 卡图尼礼品 引自俄罗斯,为大果沙棘。树高1.6米、树冠1.8米×1.7米,树势中庸,枝条微张,基本无刺,抗寒、抗病,果实圆柱形,橙黄色;果柄4~5毫米,平均单果重0.5克,每公顷产量可达10~12吨。在吉林省4月中旬萌芽,5月上旬开花,8月上旬果实成熟。

15. 优胜 引自俄罗斯,为大果沙棘。树高2米、树冠1.7米×1.5米,树势中庸,树丛紧凑,基本无刺,抗干缩病,果实长圆柱形,橙黄色;果柄4~5毫米,平均单果重0.9克,每公顷产量可达12~15吨。在吉林省4月中旬萌芽,5月上旬开花,8月上旬果实成熟。

16. 绥棘3号 黑龙江省浆果研究所育成。树势强,开张,树冠椭圆形,枝条直立,近无刺,丰产。果实橘红色,平均百粒重69.3克,最大单果重1.1克;果柄长3.5厘米,1年生枝棘刺0.3个/10厘米,2年生棘刺1.0个/10厘米,结实密度为极密,果实较整齐,60~65个果/10厘米,公顷产量可达12~18吨,在当地果实成熟期为8月15~20日。

17. 绿洲1号 辽宁省阜新市绿洲沙棘良种选育推广中心育成。植株生长强旺,枝条粗壮,紧凑,叶片宽大、厚,生物量大,果实密集;果皮橘红色,鲜果百粒重67.5~80克,最大单果重1.1克,果味较酸,在当地9月上旬果实成熟。

18. 绿洲2号 辽宁省阜新市绿洲沙棘良种选育推广中心育

成。植株生长健壮，树形类似整形后的苹果树；果皮暗橘红色，倒纺锤形，鲜果百粒重75克，果实密集，在当地8月中旬果实成熟。

19. 绿洲3号　辽宁省阜新市绿洲沙棘良种选育推广中心育成。植株生长健壮，枝条较长，略下垂；果实密集；果皮橘黄色，鲜果百粒重80～96克，最大单果重1.2克，果味较酸，在当地8月中旬果实成熟。

20. 绿洲4号　辽宁省阜新市绿洲沙棘良种选育推广中心育成。植株生长健壮，叶片窄而密集，果皮橘黄色，外观美，果实纺锤形；鲜果百粒重67.5～80克，最大单果重1.3克，有特殊香味，在当地8月下旬果实成熟。

21. 阿列依　俄罗斯沙棘中最优良的授粉品种。树高3米以上，树冠3.1米×3.4米，树势较强，枝条较开张，基本无刺，树枝粗大，绿褐色。抗寒、抗病，花芽大，花粉量大，花粉具有很高的生活力。可采用1∶8（雌株）的方式配置。

（二）饲料型品种

特点是生长旺盛，萌蘖力强，无刺或少刺，叶片营养丰富，适口性好。

1. 草新1号　从中国沙棘中选出的无刺或少刺型雄株无性系品种，生长旺盛，适应性强，适口性好。

2. 草新2号　从引进的大果沙棘中选出的实生雄性后代，生长旺盛，适应性强，萌蘖力强，适口性好，啃食后可再发新梢，很快恢复树势。

（三）观赏型品种

1. 红霞　从中国沙棘中选出的无性系观赏品种，树体主干型，树体特征与中国沙棘无差异，果实近球形或扁圆形，果实橘红色，果柄长2毫米，果实横径0.7厘米、纵径0.6厘米，百果重20～25克，果实极密，单株产量15～20千克，果实9月下旬成熟，落叶后，橘红色的果实依然挂满枝头，极为美观。观赏期可达3个月以上。枝刺较多,容易保存。

2. 乌兰蒙沙 从中亚沙棘中选出的无性系观赏品种,树体主干型,树体特征与中亚沙棘无差异,果实卵圆形或长圆形,果实橘红色,果柄长3.5毫米,果实横径0.6～0.7厘米、纵径0.8～1.0厘米,百果重20～25克,结实量大,果色艳丽,单株产量15～20千克,果实8月成熟,果实和种子含油量高。观赏期可达4个月以上,从果实成熟至第2年春浆果不落。

3. 阿亚甘卡 引自俄罗斯,为大果沙棘。树高2米、树冠1.7米×1.5米,树势中庸,枝条开张,刺中等多,抗寒、抗病,果实圆柱形,橙黄色,果柄4～5毫米,平均单果重0.6克,每公顷产量可达6～10吨。在吉林省4月中旬萌芽,5月上旬开花,9月上旬果实成熟。风味好,不落果。观赏型品种。

(四) 生态型品种

金西伯利亚 引自俄罗斯,为大果沙棘。树势旺盛,刺极少而弱,抗干缩病,果实长圆柱形,橙黄色,果柄4～5毫米,平均单果重0.8克,每公顷产量可达10～12吨。成熟期晚,营养成分丰富。萌蘖力强,生态效益好。

第三节 生物学特性

一、生长结果特性

(一) 根系

沙棘实生苗的根系是由种子胚根发育而成,分为主根、侧根和须根,水平方向生长的根较发达,随着树龄的增长根系不断向四周延伸扩展,水平扩展幅度可达6～12米,集中分布在20～40厘米深的土层内,特别是细根和吸收根均分布在这一区域。因此,沙棘属于浅根系树种。

人工栽培的大果沙棘均为扦插苗,垂直根系不发达,多是水平分布生长,至4年生时,水平分布于干周1.5～3米,垂直分布深度集中在0~0.4米的表土层中。根系易形成根瘤，大小为0.5~1.5厘米，为非豆科固氮植物。13~16年生的沙棘每公顷可固氮179千克，固氮能力超过大豆。大果沙棘根瘤较大，中国沙棘根瘤小。

沙棘的水平根上产生不定芽的能力较强，正常情况下，2年生的植株根系直径0.1~1厘米粗的根上即可产生不定芽，萌发后形成根蘖苗；当受到修剪等刺激后，发生大量萌蘖，有利于沙棘灌丛迅速扩展和覆盖地面。到7~8年生时，根蘖苗即可封住行间，形成单一的沙棘群落。

通过对根的解剖结构观察，次生皮层类似水生植物皮层结构，但木质部具有旱生型特点，因此根系较耐涝，同时也具有抗旱能力。

（二）枝

1. 枝序　大果沙棘枝条的枝序为对生、近对生、轮生、近轮生、互生等多种。当年生枝均呈绿色，微带黄色，枝条被灰色蜡质。2年生以上枝条均表现为棕色，其中俄罗斯品种表现为浅棕色，蒙古品种表现为暗棕色，枝条表面被一层银灰色或暗灰色蜡质。

2. 枝条棘刺　大果沙棘枝条无刺或少刺，少刺品种一般每个2年生成龄枝条上具1~3个短刺，多数品种当年生枝条顶端为尖刺（刺枝），转年干枯。中国沙棘枝刺较多。

3. 枝条性质　分为营养枝和结果枝两类。营养枝着生叶芽，结果枝着生花芽，开花结果同时也着生叶芽，作为更新生长的基础。营养枝和结果枝之间可以相互转化。

4. 枝条生长规律　大果沙棘新梢自萌芽展叶后开始生长至8月上中旬果实成熟后基本停止生长，采果后只有微量生长。新梢快速生长期为5月下旬至6月上旬和6月下旬至7月上旬两个时期，7月中旬后进入缓慢生长期，8月中旬基本停止。阿列伊雄株进入缓慢生长及停长稍晚。中国沙棘的新梢生长高峰期为5月下旬至 6 月中旬、7 月中旬至下旬、8 月中旬至下旬 3 个高峰期，9 月中旬基本停长。

图 3—1 中国沙棘

5. **生长量** 从新梢生长量看，大果沙棘弱于中国沙棘。中国沙棘成枝率较高，大果沙棘较低。当年生枝条产生二次枝较少，只有卡图尼、金阳等的当年枝平均有 1~2 个二次枝，其他品种几乎没有二次枝。新梢的生长势表现出明显的顶端优势。

（三）芽

沙棘的芽分叶芽和花芽。叶芽为单芽，着生于当年生枝条及多年生枝条的叶腋；花芽为混合花芽，又分为雌花芽和雄花芽，雌雄异株。雌花芽着生于当年生枝的叶腋，以枝条中上部为多，下部较少，雄花芽也多着生于当年生枝的中上部。大果沙棘的叶芽当年很少萌发形成二次枝，叶芽多由 2~3 片鳞片包被，黄棕色；雌花芽也多由 3 片鳞片包被，黄棕色；雄花芽则由 6~8 片鳞片包被，棕色，被浅黄色蜡质。雌花芽明显大于雄花芽。

沙棘的芽具有较强的异质性，表现为枝条上部的芽最强壮，中部芽次之，下部芽最弱，芽的萌发率较高。

（四）叶

大果沙棘的叶着生与枝序相同，多为对生、近对生、轮生、近轮生、互生。自萌芽后展叶生长，至7月下旬基本停止生长。叶细长，多为线状披针形。从叶的解剖结构上看，大果沙棘的叶具有较厚的角质层和栅栏组织，表皮毛密集，因而具有较好的抗旱能力。其中俄罗斯沙棘叶偏长，中国沙棘的叶则较短。叶片色泽各种间和品种间无大差异。

叶多平展或微上卷，正面深绿色，有白色蜡质，密被白灰色茸毛，叶较厚，具有角质，背面多灰绿色或灰白色。

（五）花

大果沙棘的花为单性花，雌雄异株，一般一个叶腋上着生1个花芽，花芽在枝条上呈螺旋状排列，芽闭合；每个花芽具3~12朵小花，多为5~9朵。花芽萌发后花序轴伸长，小花交互对生于花序轴上，顶端抽生枝叶。雌雄花均无花瓣，雄花可见2近圆形萼片（萼片2裂），内中包被4个花药（雄蕊4枚），雌花为一钟状花柱管，上端可见两裂，花均为淡黄色，风媒传粉，花期5~7天。

大果沙棘的花芽分化在每年的8~10月，雄花在8月上旬，雌花则在8月中下旬开始出现。雌花与雄花原基在芽鳞腋上开始形成，在腋生花芽未来的枝条生长点上，形成叶原基，叶原基腋上为单个的小花，至9月中下旬，花芽分化基本结束，从外形上可看出雌芽与雄芽的区别。

（六）果实

沙棘实生苗一般定植4~5年开始结果，而无性繁殖的扦插苗一般定植第3年即可开花结果，6~7年进入盛果期。

沙棘授粉受精后果实开始发育。果实是由萼筒肥大发育成的浆果，果实大小为（10~15）毫米×（7~10）毫米，形状为近圆形、圆柱形、长圆柱形，色泽为橙红色、橙黄色或黄色，果柄长，4~5毫米。大果沙棘果实多着生于2年生枝条的中上部，每花芽着生2~5粒，多呈棒状结果状。大果沙棘从落花到果实成熟约90天，中国沙棘需110~120天。

（七）种子

沙棘果实只含1粒种子，种子形状为倒卵形，深褐色、淡褐色或棕褐色，顶端平截、斜截或圆，具有突尖或无突尖，具有凹沟或凹沟不明显，基部偏斜；种皮坚硬，无休眠期。

二、物候期

无刺大果沙棘的物候期同中国沙棘一样基本可分为4个物候期，即萌芽生长物候期、开花结果物候期、果实膨大和花芽分化物候期及休眠物候期。

（一）萌芽生长期

一般4月中旬芽开始膨大，4月末5月初萌发，鳞片展开后叶腋枝条开始伸长生长，新梢旺盛生长期为6月和8月。

（二）开花结果期

5月初花芽露出，花序伸长，5月上中旬小花逐渐开放，5月下旬果实开始发育。

（三）果实膨大和花芽分化期

7月果实迅速膨大，8月上旬大果沙棘开始成熟，8月下旬中国沙棘开始成熟。同时，7月中下旬雄花芽先分化，8月初雌花芽才进行分化。9月末至10月初花芽形态分化基本完成。

（四）休眠期

10月下旬叶片开始脱落，进入休眠阶段，直到来年4月中旬气温回升到0℃以上根系开始生长为止。

三、沙棘对环境条件的要求

（一）温度

根据吉林农业大学在吉林省中部和西部两个试验园沙棘生长情况调查表明，大果沙棘为喜温树种，生长期高温可促进其生长发育进程。1997年中部地区持续的高温气候使果实提前成熟，7月下旬即基本着色完毕，进入成熟阶段。其他物候期也有提前现象。

沙棘在积温为2500℃以上地区表现生长良好。种子发芽要求温度为10℃～12℃、24℃～27℃时种子出芽速度最快。花期要求温度为12℃～14℃、枝条生长要求17℃～20℃，果实成熟要求温度为22℃～25℃，大果沙棘可耐35℃高温且抗寒力极强，冬季最低温达－40℃，未见对枝条及芽造成伤害，第2年仍丰产。

（二）水分

沙棘在年降雨量350毫米以上地区即能满足其生长对水分的要求，但建立人工沙棘园则降雨量应不少于400毫米。大果沙棘根系具双重生态特性，还具明显的水文形态特点，根据我们的调查表明，大果沙棘较耐涝，我们栽后第2年遇低温多雨，西部前郭县深井子试验园积水较严重，附近其他果树均因淹水造成不同程度伤害，如杏等大面积死亡，而沙棘生长较好。大果沙棘亦有较好的抗旱力，在春季的干旱及生长期干旱中表现良好，特别是栽后第3年高温少雨，西部前郭县深井子园沙棘生长良好并正常结果，以金阳、向阳等表现较好，从1998年以来的生长情况看也证明了这一点。

（三）光照

沙棘是最喜光的树种之一，正常情况下，温度适宜，光照良好，可促进果实着色；但沙棘不耐蔽荫。沙棘纯林覆盖度≥80%时，植株的冠幅变小，下部枝条枯死严重，使开花结果部位上移。生长在乔木林下的沙棘，由于光照不足，一般都生长不良或最终导致死亡。夏季光照好对沙棘果油含量有促进作用。

（四）土壤

大果沙棘对土壤的适应性较强，对肥沃、贫瘠、湿润、干旱、疏松、黏重、微酸至微碱性土壤表现出较好的适应性，均能生长良好，特别是对盐碱地耐受性较强。但栽培大果沙棘应以沙质土壤最为适宜。黏重土壤易发病。

第四节　栽培技术要点

一、育苗

育苗方法主要有绿枝扦插法、硬枝扦插法、压条法、根蘖繁殖法、嫁接法和实生繁殖法等，人工大果沙棘园以绿枝扦插法为主要方法，中国沙棘造林以实生育苗为主。

（一）绿枝扦插法

1. 采用全光照弥雾扦插法　沙棘绿枝扦插采用全光照弥雾扦插法，使用弥雾机械调节湿度。用半木质化的沙棘粗壮新梢，剪成10厘米长，下半部叶去掉，上半部保留2～3片叶，用IBA（吲哚丁酸）70毫克/升，处理插穗基部，浸泡4小时，或用IBA（吲哚丁酸）1000毫克/升速蘸插条基部；或用ABT生根粉1号50毫克/升浸泡半小时，或用ABT生根粉2号150毫克/升浸泡4小时，均可提高生根率。

（1）原理　弥雾扦插在全光照条件下，采用定时间歇喷雾，提高苗床的相对湿度，使插穗叶面经常保持一层水膜，通过水膜蒸发和吸热，降低叶面温度，光合作用不间断，使插穗在生根前始终保持较高湿度，促使其迅速生根。

（2）建苗床　苗床建在距电源、水源近的避风向阳地上。苗床为圆形，直径根据扦插量大小而定。四周用砖砌成20厘米高的围台，每隔1米留一个排水孔，中心固定喷管底座，苗床铺20厘米厚的洁净河沙作基质，床面中间略高，外缘略低。最后在基质上用砖铺设4～5个同心圆形步道。

（3）建水箱　水箱底部距地面2米左右，水箱容积3～5立方米，经常蓄满水，用自动控制仪器控制电磁阀实现自动间歇喷雾。

（4）扦插　扦插前将插床喷透水，然后进行扦插。扦插密度每平方米约为400根插穗，扦插深度4～5厘米，插时要使插穗基部与基质紧密相接，不留空隙。插完立刻用"多菌灵"800倍液喷洒消毒。

(5) 扦插时间　一般在6月上旬开始进行，插后1~3周开始生根，插床基质温度以25℃左右对生根有利，40天左右即可移栽，每年可生产2~3批苗木，苗木根系发达，生长旺盛。采用这种方法不仅育苗周期短、生根率和成活率高，而且插条来源丰富，是进行沙棘无性繁殖的最有效途径之一。

2. 大棚弥雾扦插　在大棚中用砖砌成高20厘米，宽1米，长3~3.5米的两排插床，在空中用胶管进行定时人工控制间歇定时喷雾，其他同前。

(二) 硬枝扦插法

1. 采集插条　采集插条时间一般在早春树液未流动时，约在3月下旬为宜。方法是从母本园选好的雌、雄株上剪取直径0.6~1.5厘米的1~2年生枝条，雌、雄株分开放置，防止混乱。将采下的枝条50根打成一捆并挂牌标记，插条基部插入湿沙中，保存在1℃~3℃的冷窖中或放在阴凉处用湿麻袋盖好备用。存放期间要经常使麻袋保持湿润。扦插时将插条剪成15厘米长，下端剪成斜茬，上端剪成平茬，剪口下留一饱满芽。

2. 插条处理　把剪好的插条每50根捆成一捆，做好雌、雄标记，先用清水洗净，再用NAA（萘乙酸）1000毫克/升溶液速蘸插条基部2~3分钟，或用ABT生根粉400毫克/升浸泡插条基部2~3小时，再扦插。

3. 苗圃整地　选择有灌溉条件、交通方便、距人造林或种植园较近的肥沃土地作为苗圃，先施足基肥（农家肥），深翻耙平，作畦，畦宽1~2米、长10米左右，畦上作垄，宽25~30厘米、高10~15厘米，修好灌溉渠道。

4. 扦插育苗　将处理好的插条按类别、雌雄分开后，垂直插入垄中，插条上端露出2~3厘米，扦插行距20~25厘米，株距10厘米，每公顷插20万~30万根插条，插后插条周围要踏实，然后立即灌水,渗水后用地膜进行覆盖。

当新梢长到10厘米左右时,只保留1个健壮新梢,其余去掉。苗圃要及时松土、除草,适时灌水,并注意防止土壤板结。到秋末即可出圃。

(三) 压条法

沙棘的枝条细,易下垂,可以采用先端压条法繁殖。具体做法是:在8月中、下旬将枝条的尖端埋入土中,当年便在叶腋处发出新梢和不定根,成为新苗。也可以采用水平压条法,即在母株附近挖5~6厘米深的小沟,在春季将整个枝条都弯曲在沟内,使之从各个节位发出新梢并生根,第2年春季将新苗与母株分离,挖出后就可以定植。

(四) 根蘖繁殖法

沙棘定植3~4年后,水平根上即开始萌发根蘖苗,一般在5月中旬会发生大量的根蘖苗,4~5龄的株丛所发生的根蘖苗最多,质量也最好。为了得到高质量的根蘖苗,必须对母株加强管理,保持土壤湿润、疏松和营养充足,疏去过密的而选留发育良好的根蘖苗,使它们之间的距离在10~15厘米。待根蘖苗长至2年后,秋季或第3年春季4月上旬挖出栽植。最好在雨天挖苗,趁雨天栽植。带根深挖移栽,成活率高。需要远途运输的苗木也可以秋季栽植,或秋季取苗,假植在有防风林设施而且不积水的地方,第2年春定植。

(五) 嫁接法

中国沙棘与俄罗斯和蒙古大果沙棘之间嫁接不亲和,嫁接成活率极低,生产上一般不用此法。

(六) 实生繁殖法

实生选种或用中国沙棘人工造林时用此法。一般中国沙棘种子颗粒小,顶土力弱,种皮坚硬,表面附有油脂状胶膜,吸水膨胀困难,刚出土的幼苗非常脆弱,遇到干旱或地表板结就会死亡。这是目前播种育苗和直接造林失败的主要原因。另外,幼苗出土期间还要防止鸟害。

1. 采种　播种育苗的种子应从当地现有的沙棘林中采种。选择无刺或少刺、结果多、果形大、生长健壮、无病虫害的优良单株或株系，于9～10月果实完全成熟后采收。或者在冬季震落冻果采集并及时进行碾碓，清水淘洗，除去杂质，阴干备用，保存在干燥的房间内。如果当地资源少，采种困难，且现有林质量低，缺乏优良单株时，可引进外地良种，但育苗前必须进行发芽试验。

2. 苗圃地的选择　苗圃地要选在交通方便、水源充足并距造林地较近的地方，土壤以沙壤土或轻黏壤土为宜。要求地势平坦、肥沃，不积水。育苗前进行深翻整地，蓄水保墒，施足基肥，以有机肥和磷肥为主，做好苗床或打垄，在播种前3～4天灌1次透水。

3. 种子处理　常用的方法有两种。一种是用45℃～50℃温水浸种后，放置一昼夜，然后捞出，掺入种子体积2倍的洁净湿河沙拌匀，堆放在背风向阳处，或放入深约0.5米的催芽坑内，上面覆盖草袋，每天上下翻动两次，保持经常湿润，4～5天后种子即开始裂口，待30%种子裂口时进行播种。另一种方法是用45℃温水浸种24小时，然后进行层积处理（沙藏或冷藏），种子和湿河沙1：3混合，湿度以手捏成团、不滴水为度。温度控制在0℃～5℃，放置15～20天。

4. 播种时期和播种量　播种时期以春季播种为宜，一般当地表5厘米深土层地温达15℃时即可开始播种。播种量每公顷50～75千克为宜，出苗在30万～45万株。

5. 播种方法　常用畦播和垄播两种方法。畦播在少量播种时用，方法是横过畦面作沟，沟深5厘米左右，沟距离8～20厘米，种子之间在沟中相距1.5～2厘米，种子覆上一层1～1.5厘米厚的松散基质（腐殖质和沙1：1混合）。大量播种采用垄播，行距20～30厘米，沟深4～5厘米，覆土3厘米，播后适当镇压，浇透水，并用草覆盖以保墒。

6. 苗期管理　沙棘播种后15～20天开始出苗，出苗期间一定要保持地表湿润。以后要及时中耕除草，定期浇水，使田间持水量不低于80%。雨季要及时排水，防止地面积水。

7. 苗木出圃　沙棘苗木一般要求根颈粗度在0.35厘米以上，苗高30～40厘米，侧根长18厘米为合格苗木（实生苗）。不合格苗木不能出圃。为了形成分支根系，多发侧根，应在7～8月用小刀在深15～18厘米处将直根切断。

苗木起出后可包装好运往栽植地进行假植。方法是挖一东西向的沟，沟深40厘米左右，将苗向南倾斜约45°角均匀放入沟内，用湿土埋至苗尖。

二、建园

野生中国沙棘和实生播种的大果沙棘种子其后代雄株比例接近70%，雌株进入结果期较迟，一般播种后第4年才开始结果，且产量低，采摘困难。苏联采用优良大果沙棘品种建园，每公顷产量可达18.2～21.4吨。这说明，要发展沙棘产业，必须建立人工大果沙棘试验园，才能提供大量加工用的果实，使其成为不发达地区的经济支柱产业。

（一）园地选择

大果沙棘园应选择在地势平坦、土层深厚、土壤肥沃、光照条件好的河滩地、沙荒地、沟谷地、退耕地或轻盐碱地。土壤以中性、微酸或微碱性的沙壤土、轻沙壤土或沙土地为宜。地下水位在1.5米以下，园地排灌方便，交通便利。选好后划分小区及作业道、运输道路，小区大小根据实际情况而定，小区的长边以南北向较好，园地四周用中国沙棘作围栏并营造防护林。

整地在栽植前一年进行。最好种植一年绿肥作物或豆科作物，秋季深翻入土中以培肥地力，耕翻深度30～40厘米，然后挖好栽植坑，坑为直径60厘米、深度60厘米的圆形坑，每坑施入农家肥10千克、磷酸二铵0.2千克、覆土50厘米，与肥料拌匀。

(二) 苗木栽植

1. **苗木选择** 选无性繁殖的大苗和壮苗栽植。

2. **栽植密度** 按宽行距窄株距的原则，株行距选 2 米×2.5 米，2 米×3 米或 2 米×4 米为最佳选择。

3. **授粉树的配置** 沙棘为雌雄异株，风媒传粉。授粉树的数量和配置方式直接影响到产量和品质。一般情况下沙棘传粉的有效距离为 70～80 米，超过 80 米授粉效果不佳。雌雄株配比以 8∶1 较为适宜。授粉品种首选俄罗斯沙棘雄株"阿列依"。

4. **栽植的时期** 吉林省一般在 4 月中下旬开始栽植，4 月末结束。

5. **栽植的方法** 远途运输的苗木在运输过程中均有失水现象，栽前将根系在清水中浸泡 24 小时后再栽植，成活率高。当地苗木或在当地假植的未失水的苗木，1 年生苗根系在清水中浸泡 6～12 小时成活率高，2 年生苗木特别是 2 年生根蘖苗根系在清水中浸泡 24 小时成活率高。

栽苗采用穴栽。将苗木垂直放入上一年挖的坑中，根系舒展开，根颈略高于地面，将坑外的表土填入，边填边踏实，填平坑后用底土修树盘，灌透水，待水渗入后再覆一层细土，如有条件再铺地膜以保墒。

(三) 其他沙棘林的营造

1. **防风固沙林** 选择水分条件较好的平缓沙滩地和湿润的丘间低地及沙丘迎风坡下部，按（1～2）米×（3～4）米的株行距，栽植坑挖成直径 40 厘米，深度为 40 厘米的圆形坑，埋土前将根系舒展开，先填湿土和熟土，后填干土。埋土深度略高于根颈。干旱地适当深埋 5 厘米，然后灌透水。沙棘苗要选 2 年生以上的实生苗。栽植时期为 4 月中下旬。

2. **水土保持林** 选择水土流失较重的坡面中下部营造沙棘林护坡，还可利用撂荒地、退耕地及矿区开采过的地段营造沙棘林，并结合小流域治理。按 1 米×（2～3）米的株行距进行。沙棘苗要选 2 年生以上的实生苗。栽植时期为 4 月中下旬。

3. 围栏　围栏包括草原围栏、果园围栏、公路围栏、防护林围栏和封山围栏等，这些围栏均可用中国沙棘做。按 1 米×(1～2) 米的株行距进行，栽植 5～10 行，株间错落 0.5 米，3 年后即可全封闭。沙棘苗要选 2 年生以上的实生苗。栽植时期为 4 月中下旬。

草原地土壤盐碱化较重，在建设草原围栏时要改良土壤，每穴掺入 1/3 轻沙壤土。穴深和直径均为 50 厘米，栽后灌透水。生长期至少要除草两次。栽后第 1 年要有人看护，防止人畜破坏。

4. 薪炭林　应结合小流域治理进行，在缺少烧柴的西部地区，利用沙荒地每人栽植 0.5 公顷即可解决烧柴问题。注意对 4 年生以上沙棘林的合理平茬问题。实践证明，6～7 年生为一个平茬周期较为适宜。

三、土肥水管理

（一）土壤管理

1. 幼年园的间作及管理　幼年树未结果前，行间可充分利用，间作一些蔬菜类作物或绿肥作物，也可育苗。如可间作一些茄果类蔬菜，但不要间作白菜和萝卜；绿肥作物可选豆科作物紫苜蓿、三叶草等，既能改良土壤又能增加收入。

2. 树盘覆盖　夏季耕作后，进行树盘（树干周围、树冠投影下）覆盖绿草，厚度 10～15 厘米，一是保墒，二是草腐烂后可增加土壤有机质。

3. 根颈培土　冬季来临之前，从行间取土培在树干基部，高度 10 厘米左右，既可防寒又能防止冻害。

4. 根蘖苗移栽　沙棘进入 2～3 年生后，根系发生萌蘖，一是在中耕除草时清除，二是可在秋季落叶后选 2 年生的挖出进行移栽补苗。

（二）施肥

1. 基肥和追肥　根据沙棘的生长发育规律和需肥特点，在秋季施基肥即有机肥（农家肥），每株15～20千克，磷肥（过磷酸钙）每株0.5千克；在8月份花芽分化前增施磷、钾肥，以促进花芽分化，确保来年产量；在春季萌芽后、坐果期和果实膨大期追施速效性化肥，主要施尿素，磷酸二铵、磷酸二氢钾、过磷酸钙和硫酸钾等，氮、磷、钾的比例是1∶2∶1。每次施入量为每株0.1～0.2千克。

2. 根外追肥　在沙棘生长期急需氮肥时，可进行根外追肥（叶面喷肥）。尿素的浓度配成0.3%～0.5%，不能超过0.5%（临界值），超过则叶面发生药害；急需磷钾肥时，可喷0.3%～0.5%磷酸二氢钾和硫酸钾；缺铁时可喷0.1%～0.4%的硫酸亚铁。

3. 种植绿肥　沙棘多生长在土壤较瘠薄的地方，种植绿肥可增加土壤有机质，改良土壤理化性状，增强沙地的保肥保水能力，使黏重土壤疏松通气。常见的绿肥作物有紫穗槐、沙打旺、草木樨、田菁和豆科作物如绿豆、大豆、豌豆、三叶草等。

（三）灌溉

沙棘多栽植在较干旱的地区。在沙棘生长期内，如果降雨量较小，不能保证沙棘正常生长发育时，要进行必要的灌溉。有浇灌条件的人工沙棘园施肥后应立即灌水，采用滴灌方式最节水且效果也最好。虽然沙棘耐瘠薄和耐干旱，可以不施肥灌水，但要想获得高产稳产和优质高效，必须进行施肥和灌水。

四、整形修剪

（一）整形

沙棘的整形是为了保持生长势平衡，改善通风透光条件，培育稳产优质高效树形。生产上常用树形为灌丛形和主干分层形。

（二）修剪

沙棘修剪分为冬季修剪和夏季修剪。冬季修剪在休眠期进行，东北一般在早春3月进行。夏季修剪在生长季进行。修剪的方法有：

1. 疏枝　将过密弱枝、衰老下垂枝、干枯枝、病虫枝、无用的徒长枝、交叉枝从基部剪除称为疏枝。作用是促进营养积累，改善通风透光条件。

2. 短截　剪去1年生枝的一部分称为短截，分为轻、中、重短截。只剪去1年生枝条先端的部分称为轻短截；从1年生枝的中上部截去称为中短截；从1年生枝基部短截称为重短截。作用是促进分支和发枝，扩大树冠，为早结果打基础。

3. 缩剪（回缩、压缩）　剪去多年生枝条的一部分称为缩剪。作用是使树体健壮，缩短枝轴，增强树势。

4. 拉枝　将旺长枝、直立枝拉成近水平状称为拉枝。作用是缓和树势，促进花芽形成。

5. 摘心　掐去新梢顶端生长点部分称为摘心。作用是抑制营养生长，促进养分积累，促进分支和坐果。

6. 缓放　对水平枝或斜生枝不剪称为缓放。作用是积累营养，促进结果。

（三）幼树整形修剪

1. 灌丛状整形　无主干，在苗木定植后留20厘米短截定干，促使萌发新梢。一般在地上部10~15厘米以上留3~5个骨干枝，每个骨干枝留3~4个侧枝，形成灌丛。头2年只剪枯枝，第3~4年疏除重叠枝、过密枝、下垂枝，短截细长枝和单轴延长枝。树高控制在2~2.5米。

2. 主干分层形　定干高度40厘米，选留3~4个骨干枝，每个骨干枝留2~3个侧枝。第2年在第1层主枝中选一直立的枝条在距地面70厘米左右处短截，促使萌发第2层主枝2~3个，同时对第1层主枝进行轻剪，第3年再对第2层主枝及第1层主枝的侧枝进行轻剪，对主干延长枝开张角度或进行重剪，形成双层分层形树形。若土壤较肥沃，可选留第3层主枝，第5年落头开心。树高控制在2.5~3米。

（四）成龄树的修剪

对4~6年生的成龄沙棘树，应做到疏枝、短截、缓放相结合，冬剪和夏剪相结合，打横不打顺，去旧要留新，密处要疏除，旺枝留空间，清膛要截底，树冠要圆满。冬剪时疏除干枯枝、病弱枝、徒长枝、衰老下垂枝、内膛过密枝、外围弱结果枝和三次枝；对外围1年生枝进行轻短截，保持树势。夏季主要是疏除过密枝，并对留作更新用的徒长枝摘心或扭梢。

五、果实采收

（一）采收时期

沙棘的果实密而小，皮薄，水分多，枝条有刺，采摘困难。适时采摘是丰产优质和综合加工利用的关键。采摘的时间与果实品质、耐贮性有关。采摘过早，风味淡，酸度高，品质差；采摘过迟，果实变软，品质也不佳。适时采摘的果实，果色鲜，果汁多，风味浓，有利于加工。大果沙棘果实成熟即可采摘，过熟则果实很快萎缩脱落。中国沙棘果实成熟后不脱落，可根据用途确定采收期，分期采收。适时采摘的标准是果实丰满而未软化，种子呈黑褐色。

（二）采摘方法

1. 人工采摘　鲜食用果一般人工单个采摘，用大拇指和食指在果基部轻轻一掐，连同果柄一起采下。

2. 振动冻果（中国沙棘）　当气温降至-15℃后，中国沙棘果实会冻实。用木棒轻轻击打带果枝条，地面铺上塑料膜，果实便会落在塑料膜上，或下面用浆果收集器接果。在有条件的地区，也可将带果的枝条剪下后运到冷库速冻，然后用木棒轻轻击打带果枝条使果实脱落。

3. 剪枝采摘　用剪枝剪人工剪下带果枝条。大果沙棘在8月上旬果实成熟时剪2年生结果枝，并按小区分区轮换，3年轮一个采收期限。中国沙棘既可在8月下旬果实成熟时剪，也可在冬季剪。剪枝加工或震落冻果加工均可。

4. 机械采摘　机械采摘可提高工作效率。俄罗斯、德国和我国均研制了小型沙棘采摘机械，如俄罗斯专门研制的一种"液压传动惯性振动机"，采果比人工采摘速度提高 4 倍。俄罗斯和蒙古国还使用一种"气动吸入装置"采果，这种真空装置开动后将果实吸入容器中，可明显提高劳动生产率，完全避免了果实的损失和枝条损伤。

第五节 病虫害防治

一、主要病害及其防治

（一）干缩病

是沙棘园最常见和最严重的病害。发病时叶片失去光泽，逐渐变黄脱落，果实皱缩，大枝条先干缩死亡，然后整株干缩死亡。一般在越冬后出现大枝和整株干缩现象。

防治方法：

（1）发病初期可剪除病枝；

（2）以刮皮涂药为主要治疗方式，辅以全株喷雾预防 2~4 次。药剂为 70% 红日强力杀菌剂可湿性粉剂 500 倍液或 77% 多宁可湿性粉剂 400 倍液。

（二）疮痂病

主要为害叶片、枝条及果实，被害株叶片、枝条和果实表面呈墨汁色，果实干瘪，叶片发黄卷缩，多发生在 7~8 月。

防治方法：

（1）结合夏季修剪，剪掉病枝；

（2）发病初期喷 200 倍波尔多液，或发病期喷 50% 扑海因粉剂 1200 倍或 50% 退菌特粉剂 800 倍液。

二、主要虫害及其防治

（一）蚜虫

主要是绿色沙棘蚜。成虫浅绿色，长约 3 毫米，以卵在枝条上越冬，春天入芽为害，展叶后为害嫩叶，叶片卷曲、光秃或脱落。

防治方法：
（1）冬剪时摘除带有越冬卵的枝条并烧毁；
（2）发病期用40％乐果乳剂1000倍液喷施。

（二）红缘天牛

为蛀干害虫，为害沙棘的主要害虫。

防治方法：
（1）生物防治可利用其天敌肿腿蜂，在6～7月放大量的肿腿蜂，控制害虫的发生；
（2）药剂防治可向虫孔注入20％氨水，或用棉团蘸40％乐果乳油40倍液塞入虫孔，然后用黄泥封住虫孔。

（三）沙棘瘿壁虱

以成虫在叶腋处越冬，春天入芽为害，吸食嫩叶汁，6月产卵，7月成虫继续为害，叶上形成扁平增生物（小粒点），叶片变形、脱落。

防治方法：
萌芽期和产卵期可喷20％三唑磷乳剂1000倍液。

第四章 越橘(蓝莓)

第一节 概 述

一、经济意义

越橘,俗名蓝莓(意译),由于果实多呈蓝色,并且原产和主产于美国而俗称"美国蓝莓"。蓝莓果实色泽美丽、悦目、蓝色并被一层白色果粉,果肉细腻,种子极小,可食率为100%,具清淡芳香,甜酸适口,为鲜食佳品。蓝莓果实中除了常规的糖、酸和维生素C外,富含维生素E、维生素A、维生素B、SOD、熊果苷、蛋白质、花青甙、食用纤维以及丰富的钾、铁、锌、钙等矿质元素。根据吉林农业大学小浆果研究所对国外引种的14个蓝莓品种分析,果实中花青苷色素含量高达163毫克/100克鲜果,维生素E含量9.3微克/100克鲜果,是其他水果如苹果、葡萄的几倍甚至几十倍。总氨基酸含量2.54%,高于山楂。蓝莓果实除供鲜食外,还可加工成果酱、果汁及用于制作冰淇淋、鸡尾酒、糕点等。

蓝莓果实具有以下药用价值。一是消除眼睛疲劳,增加视力。每天食用40~50克蓝莓鲜果,可明显地增强视力,消除眼睛疲劳。二是延缓脑神经衰老。三是对由糖尿病引起的毛细血管免疫病有治疗作用。四是增强心脏功能。五是抗癌,尤其是对直肠癌有效。

正是由于蓝莓的营养及药用功能,国际粮农组织将其列为人类五大健康食品之一。根据美国农业部专家预测,蓝莓果树将成为21世纪前叶世界范围内最具发展潜力的果树树种。

二、栽培的历史与现状

蓝莓于20世纪初最早由美国栽培。1906年，美国的康维尔首先从野生种中开始选种工作，1937年将选出的15个品种进行商业性栽培，从而进入大面积产业化生产。发展至今，已成为美国小浆果树种中，仅次于草莓的主导果树产业。到80年代末，美国已选育出适宜南北各地气候条件的优良品种100多个。栽培总面积22 960公顷，总产量8.7万吨，总产值约20亿美元。继美国之后，加拿大、欧洲各国、南美洲、澳大利亚、日本等30多个国家先后开展了蓝莓的引种、育种及商业性栽培工作，欧洲的波兰100%以鲜果出口到德国和英国。它掀起了一个世界性的蓝莓栽培高潮。

在国际市场上，蓝莓果实作为一种名优稀特高档果品供应市场，售价昂贵。在美国大量收购价格为2.5～4.0美元/千克，市场零售价格高达10美元/千克。蓝莓的加工半成品浓缩果汁国际市场上售价为3.0万～4.0万美元/吨，是草莓浓缩果汁1000美元/吨的30～40倍。

吉林农业大学小浆果研究所在全国最早（1983年）从美国、德国、芬兰、加拿大、波兰等国引种。到2001年，共引入兔眼蓝莓、南高丛蓝莓、北高丛蓝莓、半高丛蓝莓和矮丛蓝莓等优良品种70余个，筛选出了适宜我国南北各地栽培的蓝莓优良品种15个。在国内率先解决了蓝莓组培脱毒育苗技术难题，以及相关的丰产、优质综合栽培技术，在我国率先建立了大果鲜食蓝莓大面积生产基地和加工蓝莓大面积生产基地。带动了我国蓝莓产业的高速发展，最终形成了一个名优稀特果品产业。

第二节　种类与品种

一、种类

蓝莓（越橘）为杜鹃花科越橘属植物，为多年生落叶或常绿灌木或小灌木树种。全世界越橘属植物约有 400 个种，广泛分布于北半球。我国约有 91 个种、28 个变种，分布东北和西南地区。具有栽培利用价值的有 8 个种：兔眼越橘、南高丛越橘、北高丛越橘、狭叶越橘、绒叶越橘、笃斯越橘、红豆越橘和蔓越橘。

二、主要栽培品种

（一）兔眼蓝莓（兔眼越橘）

该品种群的品种树体高大，寿命长，抗湿热，对土壤条件要求不严，且抗旱。但抗寒能力差，-27℃低温可使许多品种受冻。适应于我国长江流域以南、华南等地区的丘陵地带栽培。

（二）高丛蓝莓

包括南高丛蓝莓和北高丛蓝莓两大类，南高丛蓝莓喜湿润、温暖气候条件，适于我国黄河以南地区如东北、华南地区发展。北高丛蓝莓喜冷凉气候，抗寒力较强，有些品种可抵抗-30℃低温，适于我国北方沿海湿润地区及寒地发展。此品种群果实较大，品质佳，鲜食口感好。可以作鲜果市场销售品种栽培，也可以加工或庭院自用栽培。

1. 夏普蓝　1976 年美国佛罗里达大学选育，主要果实及树体特性与佛罗达蓝极相似，区别是浆果中等蓝色。

2. 艾文蓝　1977 年美国佛罗里达大学选育，果实成熟期略晚于"佛罗达蓝"。树体中小，树冠开张，自花结实，但用"夏普蓝"和"佛罗达蓝"授粉可提高产量和品质。果实中大、淡蓝色、肉质硬，果蒂痕小且干，品质及风味是南高丛蓝莓品种中最好的一个。适宜于鲜果远销栽培。

3. 蓝丰　1952 年美国选育，为中熟品种，是美国密执安州主栽品种。树体生长健壮，树冠开张，幼树时枝条较软，抗寒力强，其抗旱能力是北高丛蓝莓中最强的一个。极丰产且连续丰产能力强。果实大、淡蓝色、果粉厚，肉质硬，果蒂痕干，具有清淡芳香味，未完全成熟时略酸，风味佳，是鲜食的优良品种。

4. 埃利奥特　1974 年美国农业部选育，为极晚熟品种。树体生长健壮、直立，连续丰产，果实成熟期较集中。果实中大、淡蓝色，肉质硬，风味佳。此品种在寒冷地区栽培成熟期过晚。

5. 北卫　1976年美国选育，为中早熟品种。树体生长健壮、直立，抗寒（-29℃），抗根腐病。果实大，略扁圆形，质硬，悦目蓝色，果蒂痕极小且干，风味极佳。此品种为北方寒冷地区鲜果市场销售和庭院栽培首选品种。

6. 达柔　1965年美国选育品种，为晚熟品种。树体生长健壮、直立，连续丰产。果实大、淡蓝色，肉质硬，果蒂痕中。略酸，风味好。

（三）半高丛蓝莓

半高丛蓝莓是由高丛蓝莓和矮丛蓝莓杂交获得的品种类型。由美国明尼苏达大学和密执安大学率先开展育种工作。育种的主要目标是通过杂交选育果实大，品质好，树体相对较矮，抗寒力强的品种，以适应北方寒冷地区栽培。此品种群的品种树高一般50～100厘米，果实比矮丛蓝莓大，但比高丛蓝莓小。抗寒力强，一般可抗-35℃低温。

1. 北陆　1968年美国密执安大学农业试验站选育，为中早熟品种。树体生长健壮，树冠中度开张，成龄树高可达1.2米。抗寒，极丰产。果实中大、圆形、中等蓝色，质地中硬，果蒂痕小且干，成熟期较为集中，风味佳。它是美国北部寒冷地区主栽品种。

2. 北蓝　1983年美国明尼苏达大学育成，为晚熟品种，树体生长较健壮，树高约60厘米，抗寒（-30℃），丰产性好。果实大、暗蓝色，肉质硬，风味佳，耐贮。适宜于北方寒冷地区栽培。

3. 北村　1986年美国明尼苏达大学育成，为中早熟品种。树体中等健壮，约1米高，早产，丰产，连续丰产。果实中大、亮天蓝色，口味甜酸，风味佳。此品种在我国长白山区栽培表现丰产、早熟、抗寒，可露地越冬，为高寒山区蓝莓栽培优良品种。

4. 北春　1989年吉林农业大学从美国引入。果实球形，被白色果粉，呈蓝色。果柄与果实易分离，果蒂痕中大且干。果实成熟后质地较硬。平均单果重1.2克。在2年生以上的枝条上抽生的新梢中，有80%可在中上部形成3~8个花芽。当年基生枝只有15%~30%的中庸枝可在上部形成3~5个花芽。自然坐果率97%。该品种在结果枝条上呈串状结果，果穗紧密。定植第2年见果，第5年进入丰产期。长春地区7月中旬成熟。为中早熟品种。果实含可溶性固形物14%，可溶性糖8.42%，有机酸0.84%，糖酸比为10∶1，维生素C38.1毫克/100克鲜果，果实出汁率可达80%。果汁深红色。新鲜果汁酸甜可口，具有清爽风味，品质上等。抗病力和抗寒力强。丰产性与稳产性好。盛果期平均产量每公顷可达7500千克。

（四）矮丛蓝莓

此品种群的特点是树体矮小，一般高30~50厘米。抗旱能力较强，且具有很强的抗寒能力。在-40℃低温地区可以栽培，在北方寒冷山区，30厘米积雪可将树体覆盖，从而确保安全越冬。对栽培管理技术要求简单，极适宜于东北高寒山区大面积商业化栽培。但由于果实较小，一般用作加工原料，因此，大面积商业化栽培应与果实加工能力配套发展。此品种群的品种资料不全，只将已引入我国吉林农业大学的品种作以简单介绍。

1. 美登　是加拿大农业部肯特维尔研究中心从野生矮丛蓝莓中选出的品种Augusta与"451"杂交育成，为中熟品种。在长白山区7月中旬成熟。果实圆形、淡蓝色，被有较厚果粉，风味好，有清淡爽人香味。树体生长健壮、丰产，在长白山区栽培5年平均株产0.83千克，最高达1.59千克。抗寒力极强，长白山区可安全露地越冬。为高寒山区发展蓝莓的首推品种。

2. 芬蒂　加拿大品种。果实中熟，大小略大于美登，淡蓝色，被果粉。丰产，早熟。

第三节 生物学特性

一、生长结果习性

灌木丛树种。树高差异悬殊，兔眼越橘树高可达 10 米，栽培中常控制在 3 米左右；高丛越橘树高一般 1～3 米；半高丛越橘树高 50～100 厘米；矮丛越橘树高 30～50 厘米；红豆越橘树高 5～25 厘米；而蔓越橘匍匐生长，树高只有 5～15 厘米。

（一）根

越橘为浅根系，没有根毛，根系主要分布在浅层土层，向外扩展至行间中部。在疏松通气良好的沙壤土里，影响根系生长的主要因素是土壤温度，当土壤灌水不足时，可以导致根系死亡。越橘的细根都有菌根真菌的寄生，从而克服了越橘根系由于没有根毛造成的对水分及养分的吸收困难的问题。

越橘根系随土壤温度变化一年有两次生长高峰。第 1 次出现在 6 月初，第 2 次出现在 9 月份。

（二）枝

新梢生长茎粗的增加和长度的增加呈正相关。按照茎粗，新梢可分为 3 类：细径小于 2.5 毫米，中径 2.5～5 毫米，粗径大于 5 毫米。茎粗的增加与新梢节数和品种有关。对晚蓝品种调查发现，株丛中 70% 新梢为细梢、25% 为中梢，只有 5% 为粗梢。若形成花芽，细梢节位数至少为 11 个，中梢节位数为 17 个，粗梢节位数为 30 个。越橘新梢在生长季内多次生长，两次生长最普遍。叶芽萌发抽生新梢，新梢生长到一定长度停止生长，顶端生长点小叶变黑形成黑尖，黑尖期维持两周后脱落并留下痕迹，叫黑点。2～5 周后顶端叶芽重新萌发，发生转轴生长，这种转轴生长一年可发生几次。最后一次转轴生长顶端形成花芽，开花结果后顶端枯死，下部叶芽萌发新梢并形成花芽。

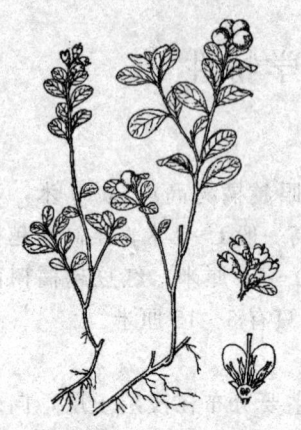 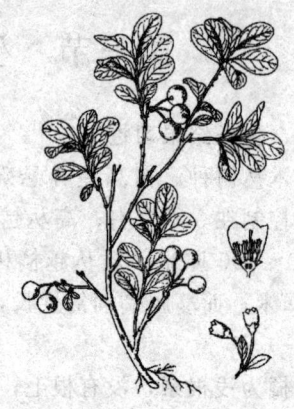

图 4—1 越橘（引自俞德浚《中国果树分类学》）　　图 4—2 笃斯越橘（引自俞德浚《中国果树分类学》）

（三）叶和芽

越橘叶片互生。高丛、半高丛越橘和矮丛越橘在入冬前落叶；红豆越橘和蔓越橘为常绿，叶片在树体上可保留 2～3 年。叶片大小由矮丛越橘的 0.7～3.5 厘米长度到高丛越橘的 8 厘米，长度不等。叶片形状最常见的是卵圆形。大部分种类叶片背面被有茸毛，有些种类的花和果实上也被有茸毛，但矮丛越橘叶片很少有茸毛。

高丛越橘叶芽着生于 1 年生枝的中下部。在生长前期，当叶片完全展开时叶芽在叶腋间形成。叶芽刚形成时为圆锥形，长度 3～5 毫米，被有 2～4 个等长的鳞片。休眠的叶芽在春季萌动后产生节间很短，且叶片簇生的新梢。叶片按 2/5 叶序沿茎轴生长。叶芽完全开放约在盛花期前两周。

（四）花

越橘的花为总状花序。花序大部分侧生，有时顶生。花单生或双生在叶腋间。越橘的花芽一般着生在枝条顶部。春季花芽先萌动 3～4 周后到盛花期。当花芽萌发后，叶芽开始生长，到盛花期时叶芽才萌发生长到其应有的长度。越橘单花形状为坛状，亦有钟状或管状。花瓣连接在一起，有 4～5 个裂片。花瓣颜色多为白色或粉红色。花托管状,并有4～5个裂片。花托与子房贴生,并一直保持到果实成熟。子房下位,常4～5室,有时可达8～10室。

(五) 果实和种子

越橘果实大小、颜色因种类而异。兔眼越橘、高丛越橘、矮丛越橘果实为蓝色,被有白色果粉,果实直径由0.5～2.5厘米不等;红豆越橘果实为红色,一般较小;蔓越橘果实红色,果个大,为1～2厘米。果实形状由圆形至扁圆形。

越橘果实一般开花后2～3个月成熟。果实中种子较多,但种子很小,一般每个果实中种子数平均为65个。由于种子极小,对果实的食用风味并无不良影响。

二、物候期

在东北地区,越橘大致可分为以下几个物候期。

(一) 萌芽生长期

一般在4月末至5月初芽开始膨大,5月上旬开始萌芽,5月中下旬展叶并开始生长,6月中旬后生长变缓。

(二) 开花结果期

一般在5月下旬花芽随枝条生长绽开而现蕾,6月上中旬开花,花后果实开始发育,6月中旬至7月上旬为果实迅速生长期,而后变缓,7月下旬果实开始着色,8月上中旬果实开始成熟。

(三) 花芽分化期

一般从7月初开始,到新梢生长停止,花芽开始生理分化;随新梢进一步充实成熟,顶芽和侧芽开始形态分化,到9月末落叶时基本分化完毕。

(四) 休眠期

9月下旬开始落叶,后进入休眠期,至次年4月下旬结束。

三、对环境条件的要求

(一) 温度

高丛越橘要达到正常的开花结果一般需要800小时低于

7.2℃的低温，而1060小时低温最佳。北高丛越橘正常生长结果的对低温的要求为 800~1200 小时。当这些高丛越橘在气候较暖地区栽培时，冷温需要量几乎没有变化。在东北地区栽培完全可以满足越橘的需冷量。但由于东北地区冬季严寒，易发生冻害，特别是抽条。

（二）光

越橘为喜光树种，光照不足，矮丛越橘果实成熟推迟，并且果实成熟率和果实含糖量下降。在越橘育苗中，常适当遮阴以保持空气和土壤湿度。但是，全光照条件生根率提高，并且根系发育好。因此，育苗过程中在保证充足水分和湿度条件下应尽可能增加光照强度。

（三）水分

越橘喜土壤湿润，但又不能积水。理想的土壤是土层70厘米处有一层硬的沙壤土和草炭沙土。这样的土壤不仅排水流畅，而且能够保持土壤水分不致流失。最佳的土壤水位为 40~60 厘米，高于此水位时，需要挖排水沟，低于此水位时则需要配置灌水设施。

土壤干旱引起越橘伤害。干旱最初的反应是叶片变红，随着进一步干旱，枝条生长细而弱，坐果率降低，易早期落叶。当生长季严重干旱时，造成枯枝甚至整株死亡。土壤水位较低时，干旱更严重。

排水不良同样造成越橘伤害。高丛越橘抗涝能力差，不能在积水土壤上生长。由于间断的土壤冻结和解冻，使植株连同根系及其土层与未结冻土层分离，造成根系伤害，甚至死亡。对于这样的土壤，必须进行排水。

（四）土壤

相对其他果树，越橘对土壤条件要求比较严格。不适宜的土壤条件常常导致越橘栽培的失败。

1. 土壤类型及其结构　越橘栽培最理想的土壤类型是土壤疏

松、通气良好、湿润、有机质含量高的酸性沙壤土、沙土或草炭土。在钙质土壤、黏重板结土壤、干旱土壤及有机质含量过低的土壤上栽培越橘，如果不进行土壤改良则会造成失败。

在草炭土和腐殖土土壤类型上栽培越橘有两个问题：一是春秋土壤温度低，且由于湿度大升温慢，使越橘生长缓慢；二是土壤中氮素含量很高，使枝条停止生长晚，发育不成熟，常易造成越冬抽条。

2. 土壤pH值　土壤pH值是影响越橘栽培最重要的一个因素。越橘生产要求强酸性土壤条件，高丛越橘和矮丛越橘土壤pH值为4.0～5.5为适宜范围，最适为4.3～4.8；兔眼越橘土壤pH值适宜范围较宽，为3.9～6.1，最适为4.5～5.3。

土壤pH值对越橘的生长与产量有明显影响。其中pH值过高是限制越橘栽培范围扩大的一个主要因素。土壤pH值过高（大于5.5时），往往诱发越橘缺铁失绿，而且随pH值上升，缺铁失绿趋于严重。在美国越橘产区，当越橘在土壤pH值小于4.0条件下栽培时，常发生植株死亡现象，其主要原因是由于根系铝过多，造成根系死亡所致。

3. 土壤有机质　保持土壤较高的有机质含量是越橘生长必不可少的条件。土壤有机质的主要功能是改善土壤结构，疏松土壤，促进根系发育，保持土壤中水分和养分，防止流失。

4. 土壤通气状况　土壤通气状况好坏主要依赖于土壤水分、结构和组成，黏重土壤上，容易造成积水，土壤通气差，引起越橘生长不良。在正常条件下，土壤中CO_2含量一般为0.3%，土壤疏松，通气良好时，土壤中O_2含量可达20%，而通气差的土壤O_2含量大幅度下降，CO_2含量大幅度上升，不利于越橘生长。采用土壤覆盖，掺入有机物可显著地改善土壤通气状况，创造越橘生长的有效条件。

5. 菌根　在自然状态下，越橘根系与菌根真菌共生形成菌根。菌根真菌的浸染对越橘的生长发育及养分吸收起着重要作用。菌根浸染的一个重要作用是促进根系直接吸收有机氮、有机磷和难溶性磷、钙、硫、锌、锰等元素。菌根真菌的一个重要作用是当重金属元素过量时，真菌菌丝通过在根皮细胞内主动生长吸收过量的重金属，从而防止树体中毒。人工接种菌根后，增加越橘分支数量，增加植株生长量，并可使产量提高11%～92%。

第四节　栽培技术要点

一、育苗

越橘苗木繁殖因种而异，高丛越橘主要采用硬枝扦插，兔眼越橘采用绿枝扦插，矮丛越橘绿枝扦插和硬枝扦插均可。其他方法如种子育苗，根状茎扦插、分株等也有应用。近年来，组织培养工厂化育苗方法也已应用于生产。

（一）硬枝扦插

主要应用于高丛越橘。但因品种不同，生根难易不同。蓝线、卢贝尔、泽西硬枝扦插生根容易，而"蓝丰"生根则困难。

1. 插条选择　插条应从生长健壮、无病虫害的树上剪取。宜选枝条硬度大、成熟度良好且健壮的1年生的营养枝。尽量避免选择徒长枝，髓部大的枝条和冬季发生冻害的枝条。插条位于枝条上的部位对生根率影响也很显著，枝条的基部作为插条，无论是营养枝还是花芽枝，生根率都明显高于上部枝条作为插条。因此，应尽量选择枝条的中下部位进行扦插。

2. 剪取插条的时间　育苗数量小时，剪取插条在春季萌芽前（一般3～4月）进行，随剪随插，可以省去插条贮存。但大量育苗时需提前剪取插条，一般枝条萌发需要800～1000小时的冷温，因此，剪取的时间应确保枝条已有足够的冷温积累。一般来说，2月份比较合适。

3. 插条贮存　插条剪取后每50～100根一捆，埋入锯末、苔藓或河沙中，温度控制在2℃～8℃之间，湿度在50%～60%。低温贮存可以促进生根。

4. 插条准备　削插条工具要锋利，切口要平滑。插条的长度一般为8～10厘米。上部切口为平切，下部切口为斜切。下切口正好位于芽下，这样可提高生根率。插条切完后每50～100根一捆，暂时用湿河沙等埋藏。

5. 扦插基质　河沙、锯末、草炭、腐苔藓等均可作为扦插基质。但用河沙和锯末作扦插基质生根后需进行移栽，比较费工而且影响苗木发育。比较理想的扦插基质为腐苔藓和草炭与河沙（1∶1）的混合基质。

6. 扦插床的准备　扦插可以在田间直接进行，扦插基质铺成100厘米宽、25厘米厚的床，长度根据需要而定。但这种方法由于气温和地温低，生根率较低。

应用最多而且比较廉价的是木质结构的架床。用木板制成约2米长、1米宽、40厘米高的木箱，木箱底部钉有0.3～0.5厘米筛眼的硬板。木箱用圆木架离地面。采用这种方法可以有效增加基质温度，提高生根率。

扦插后，扦插床或扦插箱可以直接设在地中，有条件时最好设置拱棚，拱棚塑料以无颜色塑料为好。设置拱棚时注意温度控制，在5～6月份棚内温度过高时，应进行遮阴，及时放风降温。

7. 扦插　一切准备就绪后，将基质浇透水保证湿度但不积水。然后将插条垂直插入基质中，只露一个顶芽。距离按5厘米×5厘米。扦插不要过密，过密一是造成生根后苗木发育不良，二是容易引起细菌浸染，使插条或苗木腐烂。高丛越橘硬枝扦插时，一般不需要用生根剂处理，许多生根剂对硬枝扦插生根作用很小或没有作用。

8. 扦插后的管理　扦插后应经常浇水，以保持土壤湿度，但应避免浇水过多或浇水过少。在阳光下放置时间过长，水温较高时应等水放凉之后再浇，以免伤苗。水分管理的关键时期是5月初至6月末，此时叶片已展开，但插条尚未生根，水分不足容易造成插条死亡。当顶端叶片开始转绿时，标志着插条已开始生根。

扦插前基质中不要施任何肥料，扦插后在生根以前也不要施肥。插条生根以后开始施入肥料，以促进苗木生长。施肥应以液态施入，用氮磷钾比例为13∶26∶13或15∶30∶4的完全肥料，浓度约为3％，每周1次，每次施肥后喷水，将叶面上的肥料冲洗掉，以免伤害叶片。

生根的苗木一般在苗床上越冬，也可以于9月份进行移栽抚育，如果生根苗在苗床越冬，在入冬前苗床两边应培土。

生根育苗期间主要采用通风和去病株方法来控制病害。大棚或温室育苗要及时通风，以减少真菌病害和降低温度。

（二）绿枝扦插

绿枝扦插主要应用于兔眼越橘、矮丛越橘和高丛越橘中硬枝扦插生根困难的品种。这种方法相对于硬枝扦插要求条件严格，且由于扦插时间晚，入冬前苗木生长较弱，因而容易造成越冬伤害。但绿枝扦插生根容易，可以作为硬枝扦插的一个补充。

1. 剪取插条时间　剪取插条是在生长季进行，剪取后立即放入清水中。由于栽培区域气候条件的差异没有固定的时间，主要从枝条的发育来判断。比较合适的时期是在果实刚成熟时，此时产生二次枝的侧芽刚刚萌发。另外的一个判断标志是新梢的黑点期，此时新梢处于暂时停长阶段。在以上时期剪取插条生根率可达80％～100％，过了此期后剪取插条生根率大大下降。

在新梢停止生长前约1个月剪取未停止生长的春梢进行扦插不但生根率高，而且比夏季剪插条多1个月的生长时间，一般到6月末即已生根。用未停止生长的春梢扦插，新梢上尚未形成花芽原始体，第2年不能开花，有利于苗木质量的提高。而夏季停止生长时剪取插条，花芽原始体已经形成，往往造成第2年开花，不利于苗木生长。因此，当春梢一形成时即可剪取插条。

2. 插条准备　插条长度因品种而异，一般至少留4～6片叶，插条充足时可留长些，如果插条不足可以采用单芽或双芽繁殖，但以双芽较为适宜，留双芽既可提高生根率，又可节省材料。扦插时为了减少水分蒸发，可以去掉插条上部1～2片叶。枝条下部插入基质，枝段上的叶片去掉，以利于扦插操作。但去叶过多影响生根率和生根后苗木发育。

同一新梢不同部位作为插条生根率不同，基部作插条生根率比中上部低。

3. 生根促进物质的应用　越橘绿枝扦插时用药剂处理可大大提高生根率。常用的药剂有萘乙酸、吲哚丁酸及生根粉。采用速蘸处理，浓度为萘乙酸500～1000毫克/升、吲哚丁酸2000～3000毫克/升、生根粉1000毫克/升可有效促进生根。

4. 扦插基质　在美国越橘产区，最常用的扦插基质是草炭：河沙（1∶1）或草炭：珍珠炭（1∶1），也可单纯用草炭扦插。我国越橘育苗中采用的最理想的基质为草炭。草炭作为扦插基质有很多优点，草炭疏松，通气好，而且为酸性，营养比较全，作为扦插基质时由于酸性，可抑制大部分真菌。扦插生根后根系发育好，苗木生长快。另外，土壤中的土著菌根真菌对生根和苗木生长也有益处。利用河沙、珍珠炭、锯末等混合基质生根率低，而且生根过程中易受到真菌浸染，苗木易腐烂，生根后由于基质营养不足、pH值偏高等问题，苗木生长较差。利用锯末、河沙作基质生根率较高，但生根后需要移苗，比较费工，而且移苗过程中容易伤根，造成苗木生长较弱。

5. 苗床的准备　苗床设在温室或塑料大棚内，在地上平铺厚15厘米、宽1米的苗床，苗床两边用木板或砖挡住，也可用育苗塑料盘，装满基质。扦插前将基质浇透水。

在温室或大棚内最好装置全封闭弥雾设备，如果没有弥雾设备，则需在苗床上扣高0.5厘米的小拱棚，以确保空气湿度。

如果有全日光弥雾装置，绿枝扦插育苗可直接在田间进行。

6. 扦插及插后管理　苗床及插条准备好后，将插条用生根药剂速蘸处理，然后垂直插入基质中，间距以 5 厘米×5 厘米为宜，扦插深度为 2~3 个节位。

插后管理的关键是温度和湿度控制。最理想的是利用自动喷雾装置，利用弥雾调节湿度和温度。温度应控制在 22℃~27℃ 之间，最佳温度为 24℃。

如果是在棚内设置小拱棚，需人工控制温度，为了避免小拱棚内温度过高，需要用竹帘半遮阴。生根前需每天检查小拱棚内温度和湿度，尤其是中午，需要打开小拱棚通风降温，避免温度过高而造成死亡。当生根之后，小拱棚撤去，此时浇水次数也适当减少。

及时检查苗木是否有真菌浸染，发现时将腐烂苗拔除，并喷 600 倍多菌灵杀菌，控制真菌扩散。

7. 促进绿枝扦插苗生长技术　扦插苗生根后（一般 6~8 周），开始施肥，施入完全肥料，溶于水中以液态浇入苗床，浓度为 3%~5%，每周施入 1 次。

绿枝扦插一般在 6~7 月进行，生根后到入冬前只有 1~2 个月的生长时间。入冬前，在苗木尚未停止生长时，为温室加温，利用冬季促进生长。温室内的温度白天控制在 24℃，晚上不低于 16℃。

（三）组织培养育苗

组织培养方法已在越橘上获得成功，应用组培方法繁殖速度快，适宜于优良品种的快速扩繁。

1. 接种外植体　主要采用单芽枝段，长约 1 厘米，所取枝条为当年生新梢。接种前用 0.5% 新洁尔灭消毒 7~15 分钟，再用 0.1% 升汞浸 5~10 分钟，然后用无菌滤纸吸去浮水，并将切口削去 1.5 毫米，随即插入改良的 WPM 培养基中。接种操作须在无菌条件下进行。

2. 幼枝增殖　用 IBA 效果较好，在培养基中最初浓度为 10 毫克/升，继代培养后用 5 毫克/升，一个外植体在试管内可一次增殖 300 个幼枝。

3. WPM 培养基的改良　按 WPM 培养基将其中的磷酸二氢钾含量减少 1/2，硝酸钙为原来的 1 倍，氯化钠为原来的 2 倍，通过改良的 WPM 培养基对大多数越橘品种比较适合。

4. 幼枝试管外生根　同绿枝扦插方法。

（四）苗木抚育

经硬枝或绿枝扦插的生根苗，于第二年春移栽进行人工抚育。比较常用的方法是营养钵。栽植营养钵可以是草炭钵、黏土钵和塑料钵，但以草炭钵最好，苗木生长高度和分支数量都高。营养钵大小要适当，一般以 12～15 厘米口径较好。营养钵内基质用草炭（或腐苔藓）与河沙或珍珠岩按 1∶1 混合配制。苗木抚育一年后再定植。

二、建园

（一）园地选择及土壤改良

1. 园地选择与准备　园址坡度不宜超过 1/10，土壤 pH 值 4.0～5.5，最适土壤 pH 值为 4.0～4.8。土壤有机质含量 8%～12%，至少不低于 5%，土壤疏松，通气良好，湿润但不积水。如果当地降雨量不足时，需要有充足水源。沼泽地栽培时，为解决夏季积水问题，可采用条式台田方法栽培。

园地选好后，在定植前一年结合压绿肥深翻，深度以 20～25 厘米为宜。如果杂草较多，可提前一年喷施除草剂，杀死杂草。

对于不符合蓝莓要求的土壤类型在定植前应进行土壤改良，以利于蓝莓生长。

2. 土壤 pH 值的调节　当 pH 值大于 5.5 时就需要采取措施降低 pH 值。最常用的方法是施硫粉或硫酸铝。施硫粉要在定植前一年或至少定植当年进行，但施硫粉后当年一般不起作用。将硫粉按计算施用量均匀撒入全园土壤，深翻 15 厘米混匀。根据吉林农业大学研究。在暗棕色森林土壤 pH 值由 5.9 降至 5.0 以下，需施硫粉每公顷 1300 千克，其效果可以维持 3 年以上。按此计算，在暗棕色森林土壤上，每平方米 15 厘米厚土层降低 1 个 pH 值，需施硫粉 130 克。其他类型土壤可参考此用量。如果施用硫酸铝，用量则为硫粉的 6 倍。土壤掺入酸性草炭；施用酸性肥料，覆盖锯末和烂树皮等都有降低 pH 值的作用。如果硫粉和草炭配合使用，效果更佳。

当土壤 pH 值低于 4.0 时，由于重金属元素过量而造成中毒，使蓝莓生长不良甚至死亡，此时需要增加 pH 值，常用石灰进行调节。当土壤 pH 值为 3.3 时，每公顷施用石灰 8 吨可使 pH 值增至 4.0 以上，产量提高 20%。

3. 改善土壤结构及增加有机质　土壤有机质含量低于 5% 时，由于土壤板结黏重，而蓝莓又为须根系，不利于根系发育，需增施有机质或河沙改善结构。常用锯末、草炭、烂树皮或腐苔藓，定植时掺入土壤。

（二）定植

1. 定植时期　春栽和秋栽均可，其中秋栽成活率高。春栽则宜早。

2. 株行距　兔眼蓝莓常采用 2 米×2 米或 1.5 米×3 米；高丛蓝莓 1.2 米×2 米；矮丛蓝莓 (0.5～1) 米×1 米。

3. 授粉树配置　兔眼蓝莓自花不实，必须配置授粉树，可选用高丛蓝莓品种。高丛蓝莓和矮丛蓝莓自花结实率较高，但配置授粉树也可提高果实品质和产量。配置方式采用主栽品种与授粉品种 1∶1 或 1∶2 比例栽植。

三、土肥水管理

（一）土壤管理

蓝莓根分布较浅，而且纤细，没有根毛，因此要求疏松、通气良好的土壤条件。

1. 清耕　在沙壤土上栽培高丛蓝莓常采用清耕方法。清耕的深度以 5～10 厘米为宜。长白山区暗棕色森林土壤 23～30 厘米以下往往为黏重的黄土层，清耕过深时将黄土翻到上层，不利于根系发育。再者过深清耕易伤害根系。因此，蓝莓耕作的工具高度一般不超过15厘米。清耕的时间从早春到8月份都可进行，入秋以后清耕对越冬不利。

2. 生草法 采用行间生草，而行内用除草剂。生草法与清耕法相比，有利于产量的提高，并且具有明显保持土壤湿度，便于机械作业的优点。缺点是不利于控制蓝莓僵果病。

3. 土壤覆盖 土壤覆盖被广泛应用于蓝莓生产。土壤覆盖有增加土壤有机质，改善土壤结构，调节和保持土壤湿度，降低pH值，控制杂草等多种作用。矮丛蓝莓土壤覆盖5~10厘米锯末，在3年内产量可提高30%，单果重增加50%，效果显著。

锯末是最常用的土壤覆盖物。在苗木定植后即可进行，将锯末均匀覆盖在定植带，宽1米，厚10~15厘米，以后每年再覆盖2.5厘米厚以保持原有厚度。最好是腐解好的锯末，可以迅速发挥作用，如果是新锯末需增施50%氮肥。树皮或碎木屑作土壤覆盖物可获得与锯末一样的效果。树叶、稻草也可应用，但效果不如锯末。黑塑料膜与锯末结合使用比单纯用锯末效果好，但缺点是施肥不便。

4. 除草 除草是蓝莓园管理中重要的环节，可使产量提高1倍以上。人工除草费用高，又易伤害根系。尤其是矮丛栽培，由于根状茎串生行间，若干年后整个果园连成一片，无法进行人工除草。因此，蓝莓栽培中广泛应用化学除草。除草剂的使用必须严格按照厂方说明进行。对新型除草剂，要经过试验后方能大面积应用。下面介绍几种常用的除草剂。

(1) 敌草隆 是蓝莓园中最常用的除草剂。它能够杀死大多数1年生阔叶杂草，包括荞麦和牧草。但对多年生杂草无效。敌草隆对蓝莓树体基本上无不良影响。使用适宜量为2.24千克/公顷，使用时间从春季到果实采收前1周。

(2) 氯苯氨灵 用于控制1年生杂草。使用剂量为6.7千克/公顷。在春季萌芽前和秋季使用。春季使用对控制菟丝子等攀缘杂草有效，但对1年生阔叶杂草无效。与其他类型除草剂配合使用效果好。

（3）草甘膦　用于难以控制的多年生恶性杂草，如鹅观草。但在生长季应用易引起蓝莓枯梢，叶片失绿等药害。成年树土壤施入少量时，药害可持续1年。因此，草甘膦主要用于行间灭草。

（4）百草枯　为接触型杀草剂，用于控制多年生杂草。使用剂量为4%颗粒112～168千克/公顷。春季萌芽前应用。但百草枯不能防止杂草种子萌发，所以应与敌草隆配合使用。另外，它对树体产生药害，也用于行间灭草。

（二）施肥

1. 常见的营养缺素症

（1）缺铁失绿症　是蓝莓常见的一种营养失调症。其主要症状是叶脉间失绿，严重时叶脉也失绿，新梢上部叶片症状较重。引起缺铁失绿的主要原因有土壤pH值过高，石灰性土壤，有机质含量不足等。最有效的方法是施用酸性肥料硫酸铵，若结合土壤改良掺入酸性草炭则效果更好。叶面喷施螯合铁0.1%～0.3%，效果较好。

（2）缺镁症　浆果成熟期叶缘和叶脉间失绿，主要出现在生长迅速的新梢老叶上，以后失绿部位变黄，最后呈红色。缺镁症可对土壤施氧化镁来矫治。

（3）缺硼症　其症状是芽非正常开绽，萌发后几周顶芽枯萎，变暗棕色，最后顶端枯死。引起缺硼症的主要原因是土壤水分不足。充分灌水，叶面喷施0.3%～0.5%硼砂溶液即可矫治。

土壤理化性状是导致矿物质营养缺乏的主要原因。因此，在蓝莓栽培时，创造一个良好的土壤条件，不仅有利于蓝莓的生长结果，而且可以避免在以后的生长发育中引起的各种营养失调症。

2. 施肥

(1) 营养特点及施肥反应　蓝莓属于典型的嫌钙植物,当在钙质土壤上栽培时往往导致钙过多诱发的缺铁失绿。蓝莓属于寡营养植物,与其他果树相比,树体内氮、磷、钾、钙、镁含量很低。由于这一特点,蓝莓施肥中要特别防止过量,避免肥料伤害。蓝莓的另一特点是属于喜铵态氮果树,对土壤中的铵态氮比硝态氮有较强的吸收能力。蓝莓在定植时,土壤已掺入有机物或覆盖有机物,所以蓝莓施肥主要指追肥而言。在蓝莓栽培中很少施用农家肥。蓝莓生产果园中主要以氮、磷、钾肥为主。

①氮肥　根据国外研究,蓝莓在下列几种情况下增施氮肥有效。土壤肥力和有机质含量较低的沙土和矿质土壤;栽培蓝莓多年,土壤肥力下降或土壤pH值较高(大于5.5)。

②磷肥　长白山区的水湿地潜育土类型土壤往往缺磷,增施磷肥增产效果显著。但当土壤中磷素含量较高时,增施磷肥不但不能增加产量反而延迟果实成熟。一般当土壤中磷素水平低于6毫克/千克时,就需增施磷肥(折合成五氧化二磷)15~45千克/公顷。

③钾肥　钾肥对蓝莓增产显著,而且提早成熟,提高品质,增强抗逆性。但过量无增产作用反而使果实变小,越冬受害严重,并且导致缺镁症发生。在大多数土壤类型上,蓝莓适宜施钾量为氯化钾40千克/公顷。

(2) 施肥的种类　施用完全肥料比单一肥料可提高产量40%。因此,蓝莓施肥中提倡氮磷钾配比使用。肥料比例大多趋向于1:1:1。在有机质含量高的土壤上,氮肥用量减少,氮磷钾比例以1:2:3为宜;而在矿质土壤上,磷钾含量高,氮磷钾比例以1:1:1或2:1:1为宜。蓝莓不仅不易吸收硝态氮,而且硝态氮还会造成蓝莓生长不良等伤害。因此,蓝莓以施硫酸铵等铵态氮肥为佳。硫酸铵还有降低土壤pH值的作用,在pH值较高的沙质和钙质土壤上尤其适用。另外,蓝莓对氯很敏感,极易引起过量中毒,因此,肥料种类选择时不要选用含氯的肥料,如氯化铵、氯化钾等。

(3) 施肥时期和方法　土壤施肥时期一般是在早春萌芽前进行,可分两次施入,在浆果转熟期再施1次。高丛蓝莓和兔眼蓝莓可采用沟施,深度以10~15厘米为宜。矮丛蓝莓成园后连成片,以撒施为主。

(4) 施肥量　蓝莓过量施肥极易造成树体伤害甚至整株死亡。因此,施肥量的确定要慎重,要视土壤肥力及树体营养状况而定。在美国蓝莓产区,叶分析技术和土壤分析技术广泛应用于生产。根据生产试验及多年研究结果,制定高丛蓝莓和兔眼蓝莓的叶分析标准值,从而避免了施肥的盲目性。

(三) 灌水

由于蓝莓根系分布浅,又喜湿润,及时灌水十分必要。在长白山区,年降雨量大又分布均匀,自然降雨基本上能满足蓝莓生长需要。但在干旱少雨地区栽培一定要有灌水设施。最理想的灌水方式是滴灌。

蓝莓灌水需要注意水源和水质。深井水往往pH值偏高,且钠和钙含量高,长期使用会影响蓝莓生长和产量。可在灌水时用硫酸将pH值调至4.5左右再灌。但应约间隔3次灌水灌1次酸水。

四、整形修剪

越橘树形为丛状形。主要通过修剪调节生殖生长与营养生长的矛盾,解决通风透光问题。修剪后产量降低,但有利于增加单果重,提早成熟和提高商品价值。蓝莓修剪的方法主要有平茬、疏剪、剪花芽、疏花、疏果等。不同的修剪方法其作用不同,究竟采用哪一种方法应视树龄、枝条数量和花芽量等而定。各种方法配合使用则效果更佳。

(一) 高丛及半高丛越橘的修剪

1. 幼年树修剪　幼树期的修剪主要目的是扩大树冠,增加枝量，促进根系发育。因此，幼树期修剪以去花芽为主。定植后第2年、第3年春，疏除弱小枝条，第3年、第4年仍以扩大树冠为主，但可适量结果。一般第3年株产应控制在1千克以下，结果枝条以壮枝结果为主。

2. 成年树修剪　此时修剪主要是控制树高，改善光照条件。以疏枝为主，疏除过密枝、细弱枝、病虫枝以及根蘖。树势较开张品种疏枝时去弱留强，直立品种去中心干，开天窗，留中庸枝。大枝结果最佳结果年龄为2～3年生，超过时要及时回缩更新。弱小枝抹除花芽，使其转壮，成年树花芽量大，常剪去一部分花芽，一般每个壮枝剪留下3个花芽。

3. 老树更新　定植约25年以后，树体地上部衰老。此时需要全树更新。即紧贴地面用圆盘踞将地上部全部锯掉。一般不留桩，若留桩时最高不超过2.5厘米。由基部重新萌发新枝。全树更新后当年没有产量，但第3年产量可比未更新树提高5倍。

兔眼蓝莓的修剪与高丛蓝莓基本相同，但应注意控制树高，避免树冠过高不便于管理和果实采收。

(二) 矮丛越橘的修剪

矮丛蓝莓的修剪原则是维持壮树、壮枝结果，主要用平茬的方法。

于早春萌芽前，从植株基部将地上部平茬，全部锯掉。关键是要注意留桩高度，留桩高对生长不利，所以要紧贴地面进行平茬。平茬修剪后的地上部枝条保留在果园，可以起到土壤覆盖和提高土壤有机质作用。

平茬需采用合适的工具。我国江苏省某机械厂生产的背负式割灌机，具有体积小、重量轻、操作简便、效率高等特点，很适用于矮丛蓝莓平茬。

五、其他管理

(一) 越冬保护

尽管矮丛蓝莓和半高丛蓝莓抗寒力强，但仍时有冻害发生。

最主要表现为越冬抽条和花芽冻害，在特殊年份可使地上部全部冻死。因此，在寒冷地区蓝莓栽培中，越冬保护也是保证产量的重要措施。

1. 堆雪防寒　在北方寒冷多雪地区，冬季可以进行人工堆雪防寒。经堆雪防寒的蓝莓产量较不防寒以及盖树叶、稻草的产量大幅度提高，并且具有取材方便、省工省时、费用少、保持土壤水分等优点。一般覆盖厚度以树体高度 2/3 为宜。适宜厚度为 15～30 厘米。

2. 其他防寒方法　在我国东北黑穗醋栗等小浆果栽培中，普遍应用埋土防寒方法，在蓝莓栽培中也可以使用。入冬前，将枝条压倒覆盖浅土将枝条盖住即可。但蓝莓的枝条比较硬，容易折断，因此，采用埋土防寒的果园宜斜植。

树体覆盖稻草、树叶、麻袋片、稻草编织袋等都可起到越冬保护的作用。

（二）鼠害和鸟害的防治

蓝莓越冬时，尤其是土壤覆盖秸秆、稻草等易遭鼠害。田鼠冬季啃树皮全株死亡。因此，入冬前，应根据鼠害发生的程度撒施足量的鼠药。

蓝莓成熟时，蓝色的浆果常招鸟食果，造成鸟害。比较简易的防治方法是在田间立稻草人。如果栽培面积小或庭园栽培，可以将整个园用尼龙网罩起来。

（三）辅助授粉和生长调节剂应用

蓝莓花为坛状，花冠联合，雄蕊低于花冠而柱头突出花冠。这一结构特点使其主要靠昆虫授粉。为蓝莓授粉的昆虫主要有蜜蜂和大黄蜂。在开花授粉期，应尽可能避免使用杀虫剂，以确保昆虫授粉。有条件时可以果园人工放蜂，以提高坐果率。

在开花期应用赤霉素和生长素都有促进坐果的作用，应用比较成功的是赤霉素。在盛花期喷 20 毫克/升的赤霉素（GA_3 或 GA_4），不仅坐果率提高，还产生无子果实，果实成熟期提前。

六、果实采收和贮藏

（一）采收

1. 矮丛蓝莓采收　矮丛蓝莓果实成熟期较长。但先成熟的果实也不易脱落，所以可待全部成熟时一起采收。

矮丛蓝莓果实较小，人工采摘比较困难。使用最多而且快捷方便的是梳齿状人工采收器。采收器一般宽20~40厘米，齿长25厘米，30~40个梳齿。使用时，采收器沿地面插入株丛，然后向上捋起，将果实采下。果实采收后，清除枝叶、石块等杂物，装入容器，为了提高工作效率，在园内用白线打成长方条，宽2~3米，每人沿线采收一条。这种方法适合我国国情，值得推广。

美国、加拿大矮丛蓝莓采收常使用机械。采收机械类似一个大型梳齿状采收器，装备摇动装置，采收时上下左右摆动。采收的果实由传送带运输到清选器中。

2. 高丛蓝莓采收　由于果实成熟期不一致，一般采收需要持续3~4周，通常每隔1周采1次。果实鲜销时，采用人工采摘。采收后放入塑料食品盒中，再放入浅盘中运输到市场。尽量避免挤压、曝晒。作加工用果实等果实全部成熟时采收，采用机械采收。

（二）贮藏

过分成熟的果实易腐烂。因此，一定要掌握适时采收，以延长保存期。果实采收后，及时清除杂质、青果等。

1. 低温贮藏要求　温度低于10℃。降温时要慢、要有预冷过程。过快降温，容易导致烂果。

2. 速冻贮藏　速冻贮藏是美国蓝莓最常用的方法。果实采收后，经分级、清选，在-18℃以下低温速冻。速冻后的果实生食风味略偏酸，但仍较好，可以供应市场。缺点是冷冻果费用较高。

第五节 病虫害防治

一、主要病害及其防治

（一）僵果病

主要发生在北方蓝莓产区。真菌病害。早春新枝和花序由于真菌浸染枯萎，当果实接近成熟时，成为僵果并且脱落。

防治方法：

(1) 清理果园并集中烧毁枯枝落叶和病果；

(2) 用福美铁 0.6 千克溶于 378 升水中喷施。每公顷用量 1.2～1.5 千克。在芽开绽期使用两次，间隔为 2～4 周。

（二）白粉病

在所有蓝莓产区都有发生。真菌病害。被浸染的叶片变白粉状，并引起早期落叶。

防治方法：

(1) 在花后使用 7.7% 福美铁，10～14 天后再喷 1 次，每公顷用量 6～10 千克可有效控制白粉病；

(2) 发病初期喷 15% 粉锈宁可湿性粉剂 1500 倍液或 20% 粉锈宁乳油 1500～2000 倍液，午前喷药。

（三）红叶病

主要发生在北方蓝莓产区。真菌病害。受害叶片变红，于夏季脱落，产量大幅度降低。

防治方法：喷 2，4-D 最为有效。

（四）花叶病

主要发生于北方高丛蓝莓。病毒病害。被浸染叶片呈黄绿相间斑点状花叶。有病植株没有产量。

防治方法：清除受害植株或定植无病毒苗木。

（五）根癌肿病

发生在北方蓝莓产区及苗圃。细菌病害。在小枝、大枝和贴近地面的枝条部位出现肿瘤状突起。肿瘤黑色，粗糙且硬。

防治方法：

（1）从健康树上取条育苗；

（2）修剪时注意工具消毒；

（3）发现病株立即烧毁。

二、主要虫害及其防治

（一）蓝莓蛆虫

主要发生在北方蓝莓产区。发生于浆果成熟期。幼虫危害浆果，一般每浆果寄生1个幼虫。受害果实早期脱落造成减产。蛆虫食果肉，引起浆果破裂。

防治方法：在6月末浆果近成熟期，每公顷喷施0.5%的0.45千克用量的马拉硫磷，10天后再喷1次。注意果实采收前1天不能使用。

（二）蓝莓蚜虫

蓝莓蚜虫只有1/325厘米长，8足，软体。蓝莓蚜虫从芽中吸吮汁液。花畸形不能坐果。受害浆果只部分发育并且果皮变粗。果实变红，水泡状并停止发育。

防治方法：每公顷喷施0.62千克硫丹溶于1200升水的溶液，在果实采收后6～8周再喷1次。

第五章 黑穗醋栗

第一节 概述

一、经济意义

穗醋栗果实黑色的称为黑穗醋栗或黑加仑,果实红色的称为红穗醋栗或红加仑,果实白色的称为白穗醋栗或白加仑。生产上以黑穗醋栗为主。其果实营养丰富,维生素C含量高,果皮中富含红色素,黑加仑成熟果实中含糖7%~13%、有机酸1.8%~3.7%、维生素C 98~417毫克/100克鲜果。此外,黑加仑成熟叶片中维生素C含量为482.6毫克/100克鲜重,总黄酮含量为11.2毫克/100克鲜重。黄酮类物质具有消炎、治疗心血管疾病等功效。黑加仑种子中含有多种不饱和脂肪酸,其中生物活性最强的γ—亚麻酸可达12.9%,远高于月苋草油中含量(8.2%)。栽培品种主要是从欧洲和俄罗斯等国引入。在欧洲等地面积较大,是世界上栽培面积最大的小浆果。抗寒抗旱、丰产、品质好,可加工成果酒和饮料等,并可提取红色素,用途很多。在东北地区主要有东北茶藨、水葡萄茶藨和欧洲黑穗醋栗等。

在美国、日本等国已广泛应用黑加仑种子油制成各种药品,并应用于临床。黑加仑果实主要用于加工果汁、果酒、果糖、蜜饯、果酱等多种食品,其品质优良,深受国外市场欢迎。

二、栽培历史和现状

世界上黑加仑主产区在欧洲,其栽培面积和产量均居世界首位。据统计,世界黑加仑年产量为53.6万吨。波兰是世界上小浆果主要生产国,每年的出口量占世界第1位,也是穗醋栗(主要为黑加仑）产量最多的国家。在1982～1995年间，穗醋栗产量持续上升，并一直居国内水果产量的第3位。1996～1998年间，年均总产量为17.7万吨。

我国栽培黑加仑已有80余年历史。主要产区在黑龙江省、吉林省和新疆维吾尔族自治区，辽宁、内蒙古、甘肃、河北等地有少量引种栽培。黑加仑在黑龙江省主要分布于阿城、尚志、海林、牡丹江等地，1987年栽培面积达19400公顷，年产量1万吨以上。吉林省主要分布在蛟河、延边等地，1992年面积达800多公顷。80年代末90年代初期，由于天然果汁饮料和果酒市场不景气，黑加仑种植业受到很大冲击，栽培面积明显减少。近几年来，由于消费观念的转变，天然果汁饮料和果酒消费量增加，又出现了加工原料短缺的问题。目前全国的栽培面积大约在1000公顷，其中新建果园面积约占60%。目前黑加仑产业的发展正在趋于良性化，在许多大型的加工或种植企业直接参与下，预计在今后的一段时期内栽培面积还会有较大幅度的增长。种植的分布范围也将进一步扩大，我国气候较温和的北部和东部沿海一带将会成为新的种植区域。

第二节　种类与品种

一、种类

黑穗醋栗为虎儿草科茶藨子属植物，又称黑加仑、斯马劳金。小灌木，树高1～1.5米。

二、主要品种

黑穗醋栗品种较抗寒，但不抗严寒，在吉林省栽培时冬季须要埋土防寒。吉林省的栽培品种有：

（一）亮叶厚皮黑豆

株丛高1.5～2米，树姿直立，呈扇形，叶深绿而光亮。果穗轴较粗，半下垂，因枝条节间短，形成果穗密集、重叠。一个花芽可以发出 1~3 个果穗，多数为一芽一穗。发出两穗的主穗平均长 4~6 厘米，结果 10 粒左右；副穗长 1~2 厘米，结果 2~3 粒或 4~5 粒。果粒具光泽，果皮厚，萼大、硬而直立，萼片宿存。果粒大小整齐，成熟期较一致。单株产量一般 5 千克左右，高的可达 15 千克。丰产，每公顷可产浆果 10~15 吨。

（二）薄皮黑豆

株丛高 1~1.5 米，枝条开张，树丛呈半圆形。叶色浅，叶脉较深。果穗轴较细，果穗下垂。一个花芽可以发出 1~3 个果穗，三芽并生的最多可抽出 9 个果穗，是丰产类型。果皮薄，有果粉，美观，果点不明显。萼片小、软，果实成熟后脱落。浆果成熟时果粒不落，成熟期较一致。单株产量 5 千克左右，最高可达 30 千克，是目前栽培品种中抗寒力最强的，不防寒也能越冬，但是埋土防寒的产量高。

亮叶厚皮黑豆和薄皮黑豆两个品种，由于不抗白粉病，需打药多次，品质较差，生产栽培面积正在逐渐缩小。

（三）黑珍珠

吉林农业大学小浆果研究所从波兰引入，为晚熟品种。果实较大，平均单果重 1.33 克；果面光洁明亮，形似珍珠；含可溶性固形物 14%，总酸 1.3%。小区试验 5 年生平均单株产量 2.08 千克。比对照亮叶厚皮黑豆果增产 29.2%。高抗白粉病，在相同条件下，亮叶厚皮和丰产薄皮两品种发病率达 100% 时，黑珍珠则幼树未发病，成年树只有 6.6% 的嫩梢叶片可见轻微病症，对生长及结果无影响。在长春地区 7 月 25 日前后采收，成熟较整齐。

该品种果粒大，丰产，树势强，抗白粉病，不需打药，栽培管理方便。果实含糖量高，品质优良，耐贮运。越冬须埋土防寒。被推荐为主栽品种之一，是优良的加工及鲜食品种。

（四）黑金星

1985 年吉林农业大学小浆果研究所从波兰引入，为晚熟品种。果实较大，平均单果重 1.32 克；含可溶性固形物 15.5%，总酸1.6%。小区试验5年生平均单株产量2.13千克，比对照亮叶厚皮品种增产32.3%。高抗白粉病，病害流行年份成年树在田间仅幼嫩叶有3%的感染率，不需打药，对生长结果无不良影响。成熟期与黑珍珠相近，成熟较整齐。

该品种果粒大，丰产，抗白粉病，管理方便，浆果含糖量高，品质优良，耐贮运。越冬须埋土防寒。它被推荐为主栽品种之一，是优良的加工及鲜食品种。

（五）早生黑

1985年吉林农业大学小浆果研究所从波兰引入。为早熟品种。果实较大，平均单果重1.25克；含可溶性固形物15%，总糖11.4%，总酸1.42%。树势旺，产量高，小区试验5年生平均单株产量2.04千克，比对照亮叶厚皮品种增产26.7%。免疫白粉病。在长春地区7月10日前后采收，成熟整齐。

该品种果大，丰产，早熟，含糖量高，品质好，免疫白粉病，不需打药。越冬须埋土防寒。被推荐为主栽品种之一，是优良的加工及鲜食品种。

（六）密穗

1985年吉林农业大学小浆果研究所从波兰引入。黑龙江省将其命名为"利桑佳"，为中熟品种。平均单果重0.85克；含可溶性固形物14%，总酸2.73%。每个花芽发育成的果穗数量比其他品种都多，通常3~4穗，最多的可达7穗，自然授粉坐果率78%。结果枝有明显的速果性及连年丰产性，小区试验5年生平均单株产量为1.96千克，比对照亮叶厚皮增产21.1%，免疫白粉病。成熟期介于早生黑与黑珍珠之间。

该品种品质优良，丰产性及稳产性好。免疫白粉病。越冬须埋土防寒。须注意促进枝条成熟。被推荐为主栽品种之一。

（七）奥依宾

原产地瑞典，为早熟品种。平均单果重1.08克；含可溶性固形物14%，总糖7.01%，总酸2.95%，维生素C 107.5毫克/百克。株丛矮小，自花结实率52%，3年生株产0.55千克。果实在7月上旬成熟，成熟期一致。

该品种较抗白粉病，采果之后发生轻度白粉病，只需打1次药。果大皮厚，成熟一致。结果部位高，适于机械采收。

(八) 大粒甜

1985年吉林农业大学小浆果研究所引入，为早熟品种。果粒特大，平均单果重2.2克，最大果重4.5克；含可溶性固形物15%，总酸1.1%。味甜微酸，鲜食适口。小区试验4年生平均单株产量2.51千克，比对照亮叶厚皮品种增产15.1%。较抗白粉病。在吉林省中部地区7月10日前后成熟。

(九) 甜蜜

1985年吉林农业大学从波兰引进。果穗长，10厘米左右。平均单果重1.47克，最大单果重2.25克。浆果成熟时黑色，有光泽，圆球形。果实含可溶性固形物14%，可溶性糖11.6%，有机酸3.0%，维生素C 160毫克/100克鲜果重。果实出汁率70%，果汁深红色。果实含糖量高，酸甜适口，鲜食口味佳。在长春7月中下旬成熟，为晚熟品种。定植第2年即可以结果，第5年进入盛果期以后，产量可以达到10 300千克/公顷。

第三节 生物学特性

一、生长结果习性

(一) 根

黑穗醋栗主要采用扦插繁殖，其根系为不定根组成的须根系，无明显的主根。根系主要分布在10～40厘米的表土层中，水平分布多在株丛周围1米以内。

(二) 茎

黑穗醋栗无明显主干，地上部株丛由不同年龄的枝条组成。

1. 基生枝　当年生枝，也叫更新枝，是由株丛基部的基生芽萌发而成，直立不分支，长可达1米左右，健壮的基生枝当年可形成花芽。基生枝寿命一般为7～10年。

2. 新梢　当年生枝。新梢由基生枝或各级侧枝上的叶芽萌发而成。健壮新梢在当年能形成花芽，混合花芽次年萌发结果后发育成短果枝。

3. 多年生枝　2年生以上的各级侧枝和短果枝等的统称。基生枝第2年抽生一级侧枝，第3年在一级侧枝上抽生出二级侧枝，按此年年分支，一般可达6级以上，形成骨干枝。骨干枝各枝条顶端延长生长较弱，生长2～3年后形成簇生花芽，很少再生长。随着级次的增加，多年生枝越来越多，高级次的新枝及5～6年生的老枝生长衰弱，在生产上价值不大。短果枝结果2～3年后也开始衰亡。黑穗醋栗的产量主要来自于2～4年生的枝条。

图5—1　黑穗醋栗

(三) 芽

黑穗醋栗的芽分为叶芽和花芽。叶芽分基生芽、普通叶芽和潜伏芽。基生芽着生于基生枝的基部，萌发后形成基生枝；普通叶芽着生于基生枝的中下部或侧枝的中部及顶部，萌发抽生出侧枝（新梢）；潜伏芽着生于基生枝的下部叶芽以下，中上部花芽之间或侧枝的基部，一般不萌发。花芽分为混合花芽和纯花芽，混合花芽着生于健壮基生枝中上部或各级侧枝的中部或顶部，圆形或长圆形；纯花芽多着生于短果枝上。叶芽及花芽着生于叶腋。

（四）叶

黑穗醋栗叶为掌状叶，叶较大，浓绿色。

（五）花

黑穗醋栗混合花芽萌发展叶3~4片后，露出1~3个花序；纯花芽直接萌发出花序（穗）。花穗不分支，基部花先开，接着是中部和顶部花开放。单花花期3~4天，整个花序花期10天左右。每穗结果5~20粒。

（六）果实和种子

黑穗醋栗果实为浆果，由子房壁和花托发育而成，果皮黑紫色，果肉无色，柔软多汁，味酸甜。单果种子数量较多且粒小，种子中含多种不饱和脂肪酸，其中γ-亚麻酸含量较高。

二、物候期

（一）萌芽生长期

黑穗醋栗萌芽较早，4月初撤土解除防寒后，大约中旬芽开始膨大，若解除防寒较晚，芽在防寒土中即已膨大。4月末5月初新梢开始生长，5月中下旬新梢开始进入旺长期。

（二）开花结果期

黑穗醋栗从萌芽到开花需要30天左右。一般5月上中旬开始开花，花期10~15天。从开花到果实成熟需50~60天。6月开始进入果实旺盛生长期，果实膨大后10天左右果实即可成熟。成熟期多在7月上中旬。

（三）花芽分化及新梢恢复生长期

7月上中旬果实采收后，营养物质积累转向花芽分化和新梢生长上。7月末至8月初进入花芽分化盛期。8月末至9月初新梢停止生长并转向枝条成熟阶段，10月花芽分化基本结束。

（四）落叶休眠期

10月上旬，气温降到5℃左右时开始落叶，进入休眠期。在此之前，9月末开始带叶片埋土防寒效果最好。

三、对环境条件的要求

（一）温度

黑穗醋栗为耐寒果树，但栽培品种不如野生种抗寒，在寒地，除个别抗寒力极强的品种外，入冬前必须埋土防寒。

一般黑穗醋栗在日平均温度超过0℃时开始萌动，6℃时新梢开始生长，11℃～14℃时开花坐果，最适生长温度为17℃～20℃。幼叶可耐4℃低温，但黑穗醋栗不耐高温。

（二）光照

黑穗醋栗为喜光植物，特别是开花结果期需要充足的光照。光照不良，易引起落花落果，果实着色不好，含糖量低，成熟期延长。

（三）水分

黑穗醋栗喜湿，对水分要求较高。前期萌芽开花、坐果及果实膨大需较多水分。因根系分布浅，叶片大而密，植株不耐旱，缺水易造成落花落果和花芽分化不良。

（四）土壤

黑穗醋栗适宜生长在土层深厚、疏松肥沃的中性或微酸性黑土、沙壤土和腐殖土等土壤上。较黏土壤它也能生长良好，但不适宜在盐碱地上生长。

第四节 栽培技术要点

一、育苗

（一）苗圃地的选择和准备

苗圃包括母树园及繁殖圃两大部分。母树园供给原种材料，母树园的水平高低，直接关系到苗木繁殖效率及质量。繁殖圃是培育大量生产用苗木的场所。圃地要注意选择通气性良好，土壤肥沃，有灌溉条件的地方。有地下害虫如线虫、金龟子幼虫的地方不适于作苗圃地，对于长期繁育苗木的圃地要实行轮作制度，轮作的作物可因地制宜，例如谷物、蔬菜和草本药用植物等均可。圃地必须深翻30厘米,每公顷施厩肥50吨左右。

(二) 繁殖技术

黑穗醋栗的枝条具有产生不定根的能力,通常采用扦插和压条方法繁殖。

1. 扦插法

(1) 硬枝扦插　可在春季进行。插条最好在秋季埋土防寒前剪下,贮藏在窖中或沟中,贮藏期间注意保湿、保温和防鼠。

①插床和插穗的准备　在上一年秋天,作宽1～1.2米的平床或高床,床间留30厘米宽作业道。采用垄插时用犁起垄,垄距70厘米。在扦插之前进行剪穗。可采用双芽(插条长为5～8厘米)、多芽(插条长15～20厘米)和单芽插条育苗,当前用双芽扦插的比较多。将剪截好的插条捆成50根一捆,粗细要分开。放在箱中或塑料袋中保湿,注意防止失水和碰掉芽眼。

②扦插　通常在4月中旬,土温达到4℃～6℃以上时进行。扦插前对苗床(垄)灌透水,覆上地膜,然后按株行距将插条直立或倾斜插入土中,上面只露顶芽。2～3周即可生根。苗床扦插的株行距为10厘米×20厘米(多芽插条),或10厘米×10厘米(双芽条)。双行垄插,小行距为10～20厘米,株距5～10厘米,用拐字形插。生根期间主要是保证充足的水分,勿使枝条失水。生根以后需除草、浇水。夏季除去地膜。当年秋季苗高可达到50厘米,9月下旬以后起苗。

单芽育苗繁殖系数高,节省繁殖材料,但对管理条件要求较高,一般在保护地如温床、大棚或温室内进行。株行距为5厘米×6厘米,适宜生根温度为25℃～27℃,30～35天生根,然后移栽到露地苗圃中,株行距为10～12厘米×60厘米,单行栽植。4月中旬育苗,到秋天苗高可达30～40厘米。前期生根阶段应注意保持苗床湿度。

(2) 绿枝扦插　黑穗醋栗绿枝扦插很容易生根。一般在全光照下需使用自动弥雾装置,或在温室、大棚中进行。一年内可进行多次。

具体方法是在生长季节,从母树上剪取半木质化的新梢,剪截成带 2～3 个芽的插条,将最下部一片叶子去掉,其他叶片保留。基部用吲哚丁酸 25～50 毫克/升,或萘乙酸 15～25 毫克/升溶液浸泡 12～24 小时,或者用 500～1000 毫克/升的 IBA 或 NAA 溶液速蘸。扦插深度 3～5 厘米,行株距均为 5 厘米。生根适宜温度 24℃～27℃。要特别注意,从采条到扦插完成这段时间内避免插条失水萎蔫。

扦插基质为河沙、沸腾炉渣或泥炭与河沙 1∶1 或 1∶2 的混合物,厚度 6～8 厘米。

在没有安装使用自动弥雾机时,扦插以后要立即扣上小拱棚,保持棚内相对湿度在 90% 以上,棚上用遮光率为 50%～60% 的遮阳网遮阴。插条生根发芽后,逐渐降低湿度,增加光照,锻炼 15 天左右,移栽前 1 周控制浇水。移栽时选择阴天或雨前,单行垄栽,株行距为 10 厘米×60 厘米,栽后浇透水,栽后两周内注意保持土壤湿润。

2. 压条法　一般多在母本园中进行。母株的株行距一般较生产园小,为 1 米×2 米。在生产园中压条时,要选择健壮、产量高、品质好的品种株丛。植株定植后第三年就可以进行压条繁殖。

早春对母本树进行重剪,只留下 15～20 厘米长的桩。夏季从母株基部发出许多新梢,到秋季施入有机肥(如厩肥)和氮、磷肥。第 2 年春天,撤除防寒土后立即准备压条。先对株丛周围进行松土,以株丛为圆心根据枝条的多少向外挖若干条浅沟,沟深 10～20 厘米,沟长略短于枝条长度。然后将枝条水平引向纵沟,使整个枝条紧贴于沟底,沟中填满土,并把枝条的顶端露出土面。在株丛中心留 2～3 个主枝不压条,留作更新复壮用。

夏季从压条上的芽发出新株,当新株长到 15～20 厘米高时在它们的基部培土,增加生根部位。培土分 2～3 次进行,直到把新梢下部10厘米的部分全部埋土为止。

秋季落叶时,将新株与母株分离,把独立的小植株栽到苗圃中,培养1年便可以定植。

(三) 苗木出圃

初霜来临以后开始起苗。面积大的苗圃地通常用挖苗机起苗,目前国内所用挖苗机绝大多数是拖拉机牵引的悬挂式挖苗机。机器挖苗,人工拾苗,然后根据苗木分级标准分级。将符合标准的苗木每50或100株一捆,拴好标签,注明品种、产地、数量和等级。达不到出圃标准的苗木,贮藏后第2年春天栽到圃地里再培育1年。

二、建园

(一) 园地选择与规划

黑穗醋栗喜中性至微酸性土壤,在土层深厚、腐殖质多、疏松肥沃的土壤上生长良好,而盐碱土、白浆土等不适宜栽植。园地最好地势平坦、光照充足。山坡地以坡度不超过10°的缓坡地较为合适。地下水位高、常年积水、低洼阴凉、排水不良或有严重病虫害的地方不宜建园。黑穗醋栗对水分要求较高,因此,建园时必须考虑灌溉条件。

园址选定之后要进行地块划区。平坦地块每小区为0.5~1公顷,宜长方形、南北行栽植;山坡地应依地形进行等高栽植。规划好田间的道路和排灌水系统。主干道宽4~5米,作业道宽3~3.5米。风大的地区需设置防风林,主林带与风向垂直,乔木2~4行,灌木1~2行,林带与植株的距离不小于6米;风小的地区,园地周围设2~3行保护林。山坡地冲刷沟的坡面应栽植灌木。

选地后还应进行土壤的深耕、施肥、平整土地、除草等。一般在秋季前茬作物收获后立即深翻和平整土地,深度达30~35厘米,翻地同时施肥,每公顷施厩肥30~40吨、磷肥60千克(纯量)、钾肥300千克(纯量)。肥料也可以在定植时施入定植坑中，每穴5千克左右。

（二）栽植

1. 栽植时期和方法　定植前需挖栽植穴，穴大小为40厘米×40厘米。定植可在春秋两季进行。春季于土壤解冻后即可栽植，以4月上旬为宜。近年的试验结果表明晚秋栽植效果较好。秋季起苗后立即栽植，灌透水，然后埋土防寒。秋栽省去贮藏苗木工序，且早春萌芽生长早，成活率高，植株生长健壮。

2. 栽植密度　栽植行株距依品种和防寒埋土等情况而定。近年来黑穗醋栗采用小冠密植栽培，一般株行距以1米×2米或1.5米×2米为宜。栽植时每穴栽苗1～4株，多数栽1～2株，穴内苗间距10～15厘米。栽植深度宜比苗圃深8～10厘米；定植之后需进行定干，即距地面留4～5芽，其余部分剪除。

黑穗醋栗为两性花，多数品种自花结实，但有条件同一果园栽植两个或两个以上品种，有利提高坐果率。

三、土肥水管理

（一）土壤管理

1. 幼龄园管理　除株间松土除草以外，行间可在距幼树30厘米以外种植一些矮棵、耗地少的间作物，如马铃薯、大蒜、豌豆等。

2. 成龄园管理　成龄园不宜再种间作物，主要管理工作是中耕除草。行距小（如2米）的园，用人工除草为宜；行距大（如2.5～3米）的园，可用小型拖拉机牵引圆盘耙松土，在靠近株丛基部10～30厘米处，耕作深度为4～7厘米，行间深度为10厘米。比较潮湿的地方，松土的深度为10～15厘米。在生长季中耕除草4～6次。

（二）施肥

1. 基肥　以农家肥为主，适宜在秋季9月上旬或春季4月中下旬施入。施肥量常根据产量计算。例如1公顷产果10吨左右的成龄果园施厩肥量为30～40吨。采用开沟法，在距根系30厘米以外的行间开深10~20厘米、宽10~15厘米的沟,将肥料施入沟中,然后盖土。施肥沟的位置随株丛扩大而逐年向行间延伸,沟的宽度和深度也要随之加大。

2. 追肥 根据树体生长发育特性,不同时期追施不同肥料。一般一年中进行2次追肥。第1次在5月中旬左右,追施以氮、钾为主的化肥,每株丛施50~100克;第2次在6月中、下旬,每株丛施入磷、钾为主的化肥50~100克。追肥采用沟施或结合中耕进行,如果有条件最好在施肥后灌水。黑穗醋栗对氯敏感,因此避免用含氯化肥做肥料。

3. 根外追肥 适宜根外追肥的肥料及使用浓度为0.3%~0.5%尿素,0.3%~0.5%磷酸二氢钾,0.5%~3%过磷酸钙浸出液,3%~10%草木灰浸出液等。根外追肥宜在傍晚温度较低、湿度较大的条件下喷洒。在整个生长季节根据植株生长需要随时可以进行根外追肥。

(三)灌水

黑穗醋栗是多年生小灌木,根系繁茂,比较耐旱。但须根主要分布于地表40厘米以内,表土水分不足就会引起生长衰弱,产量下降,抗寒性减弱等。及时进行灌水,十分重要,在有灌溉条件的果园应保持土壤持水量为75%~80%。

四、整形修剪

(一)整形

黑穗醋栗为小灌木,地上部是由多数不同年龄的枝条组成的株丛,适宜丛状形。每年春季由根颈处的基生芽发出基生枝(也称主枝),第2年叶芽萌发形成1级枝。如果发出一组强壮的1级枝,则要对1年生基生枝进行重剪,即在基部留4~5个芽短截。第3年,1级枝又长出2级枝,而基生枝变成3年生枝,1级枝变成2年生枝,如此年年生长分支,分支最多的可达7级以上。黑穗醋栗的产量主要来自2~4年生枝。随着级次的增加,级次越高的枝生长越弱,产量越低,应注意及时调整。

(二) 修剪

1. **休眠期修剪** 休眠期修剪是指秋末埋土防寒前的修剪。黑穗醋栗每一株丛留16～20个基生枝，这16～20个基生枝分4年留成。在幼苗栽植第1年春季留4～5个芽重剪，当年选留4～5个生长健壮的基生枝。在第2～4年也各留4～5个生长健壮的基生枝。这样就构成3～5个具有1～4年生基生枝的株丛。留成16～20个的基生枝之后，每年从基部疏除4～5个生长衰弱、结实较差的4年生老基生枝，同时选留4～5个新基生枝作为补充，以便保持株丛有16～20个基生枝。对于选留的新基生枝要在1/4～1/3处短截，以促进侧枝和结果枝的生长。对下垂、过密或病虫枝要及时疏去。

2. **夏季修剪** 是指在生长季节修剪，一般适宜时期是落花前后，每株丛选留7～8个基生枝，此数多于春季选留的基生枝数，主要因为埋土防寒时可能有部分被折断。夏季修剪以除萌为主，同时剪除过密、病虫、枯死和衰老的枝条。生长旺、侧枝多的品种，6月中、下旬再修剪1次。

3. **平茬修剪法** 国外常采用此法。将黑穗醋栗园地隔行平茬，对达到6龄的株丛，在采收之后立即用带机械的锯进行近地表（20厘米）平茬修剪，然后将枝条运出园外。在行间精耕细作，施大量肥料，当年能发育成很好的株丛，次年可以在2龄枝上结果。

4. **母树园的修剪** 母树园的作用是提供繁殖材料，因此，它的修剪方法与生产园不同。

丛状栽植的母树园，即每穴栽2～4株，在定植后的3～4年内，使每丛保留20个以上不同年龄的基生枝，每年对1年生基生枝短截1/2～3/4，以获得生长健壮、数量较多的侧枝。每年主要从侧枝上采集插条，并保留该侧枝下部3～5个芽，使之长出下一级侧枝，供下一年采条用。对于超过4年的老基生枝要从基部剪除。

带状栽植的母树园，即每穴用一株苗定植，株距小（0.7～0.8厘米）。春季在近地面处留2～4个芽重剪，当年秋天留2～3个壮基生枝，轻短截，其余枝条剪下作繁殖插条。第二年夏可从发出的侧枝上剪取绿枝扦插，秋季可从基生枝和侧枝上采插条。以后每年每株母树留3～5个基生枝，枝龄超过4年的则淘汰。

五、果实采收与贮藏

（一）采收

黑穗醋栗采收期因用途不同而异。鲜食用果实宜充分成熟，果面全部着色时采收；加工用果实可适当提前几天采收。

1. 人工采收　黑穗醋栗手工采摘可根据浆果成熟度分次采收，采收的浆果质量较好，但较费工，适于小面积果园。采收的果实置于广口塑料桶中，放在阴凉处。鲜食果实宜采用小包装上市。

2. 机械采收　国外采用大型浆果采收机，如芬兰的Joonas浆果采收机。国内由东北农业大学生产出一种小型动力手持采收机，由4马力柴油机带动，以每分钟1800转采收黑穗醋栗。此机器还可用于喷洒农药，每小时耗柴油840克。

3. 化学采收　即喷布乙烯利促使浆果成熟易脱落，然后通过震动采收。吉林农业大学对黑珍珠和早生黑两品种的试验结果表明，在采前2～3天喷40%乙烯利1500倍，喷后果实震动脱落率达98%以上，青红果率低于5%，可显著地提高色素含量，提高果实含糖量，降低果实含酸量。

（二）采后处理

黑穗醋栗果实采收后放在一般条件下（室内，贮藏库，贮藏棚）贮藏3天便开始发霉腐烂，贮至7天烂果率达50%～70%，基本上失去利用价值。

加工用果实在采收后最好及时加工，如来不及加工，可以放在矮型塑料筐中，快速预冷之后堆放在-1.5℃～2.0℃的冷库内，筐垛外面盖上塑料膜以减少水分蒸发。贮藏时间可达1.5个月。

鲜食用果实，在晴朗干燥天气采收，然后装塑料盒（袋）上市，或装入食品袋（每袋 1 千克），封口后放在塑料箱中入冷库贮藏，库温保持 -1℃～0℃，相对湿度为 85%～90%。可贮藏两个月，保持风味品质不变。

六、防寒

黑穗醋栗是耐寒果树，但在冬季酷寒、干旱、积雪少的地方也必须防寒。

（一）防寒时期

于晚秋土壤封冻之前进行。埋土过晚，植物组织较脆，枝干容易折断；落叶后埋土，土易下漏，操持不便，比较费工。可采用带叶埋土，在长春地区 9 月 30 日为带叶埋土的安全临界期，即当气温最高在 16℃±3℃，最低在 4℃±4℃时进行带叶埋土，可保证越冬枝芽不受损伤。正常年份带叶埋土的适宜时期，吉林省在 10 月 10 日前后，黑龙江省可在 10 月 1～10 日之间。

（二）防寒方法

防寒前清扫枯枝落叶，灌封冻水。埋土厚度为一薄层，埋土要匀，将枝条全部埋在土里。冬季要经常检查，及时将露出的枝条埋上。另外注意防鼠害。雪大的地方，积雪层深厚，能将株丛覆盖住，不用埋土即能安全越冬。

（三）解除防寒

解除防寒土时间长春地区最适宜的是 4 月 7～14 日之间。

第五节　主要病虫害及其防治

一、主要病害及其防治

（一）真菌病害

黑穗醋栗的主要病害为白粉病。此病为害全株。叶片最初表现为叶背出现分散的白色丝状霉斑，以后霉斑逐渐扩大布满全叶，致使叶面皱缩，叶缘卷曲，叶柄短而弯曲；后期病斑变成灰褐色，其上散生黑色小粒。在枝条上，主要感染幼嫩新梢和半木质化的基生枝。得病部位布满白粉，后期变褐，生长缓慢，严重时枝条枯死。果实上多在近果柄处发生，表面也是布满白粉，很快蔓延到果实上，造成果实脱落。一般在5月末6月初开始发病，6月中下旬为发病盛期。

防治方法：

(1) 选择抗病和免疫品种，加强管理，增加树体抗病能力。

(2) 药剂防治。发芽前喷布3～5波美度石硫合剂；发病初期喷20%粉锈宁乳油800～1000倍液，或70%甲基托布津可湿性粉剂500～600倍液。一般隔两周喷1次，摘果之后喷最后1次。

(二) 病毒病

为害黑穗醋栗的主要病毒病是返祖病（又称重瓣病）。这种病毒病的传播介体为茶藨瘿螨，而茶藨瘿螨又是黑穗醋栗的主要害虫，因此要特别注意防治。

该病毒传染初期不明显。后期主要表现为新梢生长习性改变，花和叶在5～7月间旺长，新梢叶片的叶脉和叶缘锯齿减少，柄洼变平，或有的叶片上形成不消失的网纹，严重时叶变成杂色；结果枝上新梢生长量减少；花蕾光秃发亮，与灰色多毛的正常花蕾有明显区别。有时出现畸形花，即雌蕊伸长，雄蕊变成花瓣而出现重瓣花。

防治方法：

(1) 对引进的树苗必须严格检疫；

(2) 用无病毒苗木建园；

(3) 加强对茶藨瘿螨的防治；

(4) 及早发现并销毁病源植物，每年始花、开花及新梢生长时期，发现有病毒的植株及时拔除并烧毁。

二、主要虫害及其防治

(一) 黑穗醋栗透翅蛾（黑穗醋栗透羽蛾）

主要为害枝干。幼虫钻蛀茎内，串食髓部，茎外虫口处有红色粪便。被为害的枝条生长衰弱，严重时枝枯叶落，埋土防寒时易折断。成虫体长 8~12 毫米,以黑色为主;腹部有黄色环纹;前翅黑,后翅透明。幼虫白色。一年发生 1 代。幼虫在茎内越冬,5 月中旬开始化蛹,6 月初为化蛹高峰,蛹期两周左右羽化,6 月初成虫开始出现,6 月中、下旬为羽化高峰。成虫从羽化孔钻出后,白天活动,平均寿命 12 天。9~10 月是为害盛期。

防治方法:

(1) 在成虫羽化初期及产卵高峰期喷布杀虫剂,但在产卵高峰期正是果实进入成熟阶段,因此要注意用药安全,采果前 10 天不宜打药。使用的药剂为 50％敌敌畏乳剂 1000 倍液,两周喷 1 次。

(2) 性诱剂诱杀。将未交配的雌成虫放入水盆中,然后放在田间,对雄虫有明显的诱杀效果;

(3) 生物防治。如用茧蜂寄生,或用寄生性线虫悬浮液防治。

(4) 春秋两季将被害枝干剪除并集中烧掉。

(二) 毛虫类

如秋千毛虫、古毒蛾、舟形毛虫和天幕毛虫等,主要在 5~6 月为害叶片。

防治方法:

(1) 在幼虫 1~2 龄期喷辛硫磷 1500 倍液防治效果好;

(2) 后期喷敌敌畏 1000 倍液。

(三) 蚜虫和红蜘蛛

这两种害虫以刺吸汁液危害叶片,在干旱年份发生严重。蚜虫主要为害新梢顶部叶片,受害严重的叶片和新梢不能继续生长。6 月上旬为初发期,7 月最重。红蜘蛛为害老叶,被害叶失绿,出现花叶,严重时脱落。6 月中旬开始为害,7~8 月间最重。蚜虫和红蜘蛛一年繁殖数代,条件适宜时繁殖速度非常快,会造成严重减产。

防治方法:

(1) 生长季节用 40％乐果 1200~1500 倍液或 40％乐果乳油 2000~3000 倍液;

(2) 4月中旬萌芽期树上喷2波美度石硫合剂；

(3) 每年春秋季节清扫枯枝落叶，保持果园无杂草。

(四) 茶藨瘿螨（又名茶藨蚜螨、茶藨芽壁虱）

是欧洲、亚洲地区栽培黑穗醋栗国家普遍发生的虫害。受害的芽膨大，鳞开裂，所以又被称为大芽子病。瘿螨钻入嫩芽内吸食为害，芽内螨数少时，芽形态无变化，当螨数多时，秋天芽特别大，变圆，春季芽鳞开裂，干枯死亡。成虫蠕虫状，乳白色，虫体非常小，只有0.15～0.3毫米长。

在盛花期若虫长成成虫，一部分爬出芽转移到新芽内，转移期约1个月，是打药防治的最佳时间。

防治方法：

(1) 用无螨虫苗木建园。新园要离有螨虫老果园至少1.5千米。另外用45℃～46℃的热水浸泡木质化插条13～15分钟，可以杀死螨虫；

(2) 药剂防治。喷3次1.5～2波美度石硫合剂，花序露出时（约5月初）喷第1次；第2次在5月下旬花期过后；隔两周再喷第3次；或喷20%三氯杀螨醇乳油1000倍液。

第六章 软枣猕猴桃

第一节 概 述

一、经济意义

软枣猕猴桃果实营养丰富，维生素C含量高，可达400毫克/100克。成熟的浆果有一种蛋白水解干酶，能将肉类蛋白质分解成氨基酸；全株含有猕猴桃碱和肉苁蓉碱，叶和茎含有大量皂苷及黄酮苷。雌株叶含有大量叶绿素a，胡萝卜素及钠；雄株叶中含有大量叶绿素b、叶黄素及钾。种子含蛋白质15%～16%，脂肪22%～34%。果实含有蔗糖、淀粉、蛋白质、黏液质、单宁、有机酸、维生素A和维生素P。含糖量为7%～16%。此外，果实中还有一种特殊香味。除鲜食外，可加工成多种加工品。同时，其果实、根、茎均可入药。根味淡、微涩，有健胃、清热和利湿功能。主治消化不良、呕吐、腹泻、黄疸和风湿关节痛。果实味甘、性寒，能止泻、解烦热、利尿。主治热病、口渴心烦、小便不利。软枣猕猴桃又是非常好的观赏植物。

二、栽培历史与现状

猕猴桃在我国古代已为人们所熟悉，早在2000～3000年前的《尔雅》中已经有关于猕猴桃的记载。

我国是猕猴桃属植物的起源中心。全世界有猕猴桃属植物63种，原产我国的有59种、43变种、7个变型，占世界猕猴桃种类的93.7%。在栽培上，我国已有2000多年的历史。但是长期以来一直处于野生状态，直到新中国成立后，1955年进行了全国资源普查。真正大面积栽培是从1978年开始的，到目前已发展到10万公顷，主要栽培的是中华猕猴桃和美味猕猴桃。各地利用猕猴桃加工的产品已达 40 多个。东北寒地不能栽培中华猕猴桃和美味猕猴桃，目前栽培的是软枣猕猴桃，野生的还有狗枣猕猴桃和葛枣猕猴桃。经过 20 多年的品种选育，选出了魁绿、丰绿两个优良品种和抚顺的"81－18"、辽宁的辽丹"134"优良品系和"61－1"授粉树。

第二节　种类与品种

一、种类

软枣猕猴桃属猕猴桃科猕猴桃属植物，大藤本，雌雄异株，野生资源十分丰富。吉林省的猕猴桃属植物有软枣猕猴桃、狗枣猕猴桃和葛枣猕猴桃，其中经济价值最高的是软枣猕猴桃。

软枣猕猴桃为落叶大藤本，高可达 30 米。当年生枝灰色或深灰色，有长圆形白色皮孔，螺旋状缠绕，老枝浅褐色，有光泽。芽为叶痕包被；叶互生，卵圆形或长圆形，基部心形或圆形，先锐尖，边缘有细锯齿，叶片厚，有光泽；花腋生，聚伞花序，雌雄异株，雌花雄蕊枯萎，子房球形或瓶形。浆果近圆形或长圆形，稍扁平或呈圆柱形，长 1～3 厘米，先端钝或具有扁平喙，有宿存花柱，表面平滑，暗绿色，成熟时柔软，果肉甜而多汁，芳香，种子多数，褐色。

本种抗寒性强，丰产，是猕猴桃属在东北地区分布最广、最有栽培利用价值的种类。

二、主要品种

(一) 魁绿

中国农业科学院特产研究所在软枣猕猴桃中选育出的优良品种。树势强，生长旺盛，枝蔓灰褐色，光滑无毛；叶卵圆形，绿色，革质。花冠绿白色，花粉不育，需要配置授粉树；果实扁卵圆形，绿色，光滑无毛；平均单果重 18.1 克，最大果重 32 克，果肉绿色，酸甜，芳香。可溶性固形物 15%，总糖 8.8%，有机酸 1.5%，维生素 C 含量 430.8 毫克/100 克，氨基酸含量 933.8 毫克/100 克，钙 280 微克/克。从萌芽至落叶 140～150 天。盛果期每公顷产量 10 295.1 千克。授粉树可用该所选育的"61－1"雄株。

（二）丰绿

中国农业科学院特产研究所在软枣猕猴桃中选育出的优良品种。树势强，生长发育健壮；枝蔓灰褐色，光滑无毛；叶卵圆形，绿色，革质。花冠绿白色，雄花多数花粉不育，需要配置授粉树；果实圆球形，绿色，光滑无毛；平均单果重 8.5 克，最大果重 15 克，果肉绿色，多汁，酸甜适度。可溶性固形物 15%，总糖 6.3%，有机酸 1.1%，维生素 C 含量 254.6 毫克/100 克，氨基酸含量 1239.8 毫克/100 克，钙 568 微克/克。从萌芽至落叶 135～145 天。盛果期每公顷产量 12 375 千克。授粉树可用该所选育的"61－1"雄株。

（三）"81－18"

辽宁省抚顺特产研究所选育。雌能花，树势较旺，节间长，连续结果能力强，雌花多为双花，果实长扁形，暗绿色或深绿色，有光泽，果肉鲜绿色，香甜多汁，品质优，果实大小与丰绿接近，抗病性强，抗寒性不如"魁绿"和"丰绿"。

（四）"61－1"

从软枣猕猴桃中选出的雄株优良品系，树势强，花期长，花量大，可作为"魁绿"和"丰绿"等品种的授粉树。

第三节 生物学特性

一、生长结果习性

（一）根

软枣猕猴桃属浅根性果树，主根不发达。栽培品种均为无性繁殖，须根系。根系垂直分布于 10～40 厘米深的土层中，水平根系分布较广,为树冠直径的1.5~3倍。侧根上具不定芽,可萌发根蘖苗。根系在4月初开始活动,6月和8月有两次生长高峰。

(二) 枝

软枣猕猴桃的枝条为蔓生,具左旋缠绕特性;枝蔓在生长后期先端自行枯死(自疏现象)。老蔓具有较强的萌芽抽枝和生成不定根的能力。枝蔓有以下几种类型:

1. 主蔓　为骨干蔓,构成整个植株枝蔓的骨架。初形成时往往被侧生的强旺枝蔓所替代。

2. 侧蔓　主蔓的分支为侧蔓,由各年生枝蔓所组成。

3. 结果母枝　雄株上称为开花母枝,指能抽生出结果枝或花枝的1年生枝蔓,来源于结果枝、发育枝和徒长枝。

4. 结果枝　雄株上称为开花枝,从结果母枝或花枝上抽生的具有花序的当年生新梢。其中长果枝和徒长性结果枝一般由向地芽长出,长30~60厘米,生长旺盛,停长晚;中果枝由平行于地面的芽长出,长10~30厘米,长势中庸,6月下旬停长;短果枝和短缩果枝由向上芽抽生,长10厘米以下,节间短,停长早,自枯现象少。

5. 发育枝　结果母枝上抽生的无花枝条,常见于多年生枝蔓上抽生的结果母枝上,来年发育成结果母枝。

6. 徒长枝　从主蔓及多年生侧蔓基部或其他部位萌发的枝条,无花,节间长,生长不充实,停长晚。强旺的徒长枝可发育成结果母枝。

(三) 芽

软枣猕猴桃的芽分为叶芽、花芽和潜伏芽。叶芽着生于结果母枝上。花芽为混合芽,着生于结果母枝的中下部,以5~11节位最多。雄株花芽着生于开花母枝的中下部。潜伏芽着生于老蔓上,萌发成为徒长枝。

(四) 花

软枣猕猴桃的花着生于结果母枝或花枝的叶腋间,雌花集中着生于长果枝的 8～12 节、中短果枝的 4～10 节、短缩果枝的 2～5 节。雄花在花枝的 2～13 节，且雄花多于雌花，同时开花，花期雌株 8～10 天，雄株 9～13 天，单花花期 3～5 天。风媒传粉。

（五）果实

软枣猕猴桃雌花授粉受精后果实开始发育，6 月下旬至 7 月上中旬果实迅速增大，而后生长缓慢，8 月上旬后基本停止生长转入成熟期。从终花至果实成熟需 70～80 天，9 月初果实成熟。

图 6-1 中华猕猴桃（引自戴宝和《野生植物资源学》）

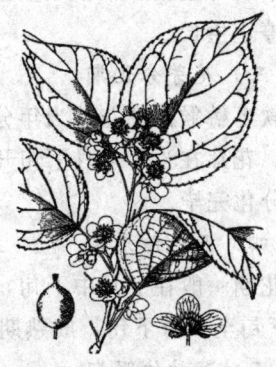

图 6-2 软枣猕猴桃（引自俞德浚《中国果树分类学》）

图 6-3 狗枣猕猴桃（引自俞德浚《中国果树分类学》）

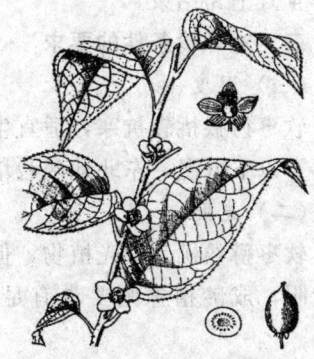

图 6-4 葛枣猕猴桃（引自俞德浚《中国果树分类学》）

二、物候期

在东北地区，软枣猕猴桃主要有以下几个物候期。

（一）树液流动期

也称伤流期。一般在 4 月上中旬，剪断枝条可见液体流出。

（二）萌芽生长期

一般在 4 月中下旬芽开始膨大，4 月末 5 月初萌芽，5 月上中旬新梢展叶生长。新梢旺盛生长期为 5 月中旬至 6 月下旬，以后逐渐停止生长。

（三）花芽分化期

软枣猕猴桃的花芽当年分化当年萌发，基本是萌芽生长同步进行。花芽在当年 4 月下旬开始分化，到 5 月中下旬，仅 20 余天即可分化完毕。

（四）开花结果期

花期一般在 6 月中下旬，花后果实开始发育，快速生长期在 6 月下旬至 7 月下旬，成熟期在 8 月下旬至 9 月上旬。

（五）落叶休眠期

一般从 9 月下旬开始落叶，至 10 月上旬开始进入休眠期，到来年 4 月上旬结束。

三、对环境条件的要求

（一）温度

软枣猕猴桃较抗寒，适宜生长温度为 14℃～25℃，冬季可耐 －30℃以下低温，东北地区栽培可露地越冬。

（二）光照

软枣猕猴桃为喜光植物，但各生长阶段要求不同。幼苗阶段需遮阴，成龄植株则要求有足够的光照，以利枝蔓生长和开花结果。

（三）水分

软枣猕猴桃藤高叶茂，水分蒸发量大，根系浅，因而对水分的要求较高，一般年降雨量 600～1200 毫米，四季空气湿度

50%~80%可满足其对水分的要求。

(四) 土壤

软枣猕猴桃对土壤适应性较强,在土质疏松湿润、腐殖质含量高、土层深厚、微酸性森林黑土、棕土及沙壤土上生长良好,在黏土及沙石土上生长不良。

第四节　栽培技术要点

一、育苗

软枣猕猴桃采用无性繁殖法育苗,可保持母本的优良特性,主要有扦插繁殖、根条繁殖和嫁接繁殖等方法。

(一) 扦插繁殖

扦插有硬枝扦插和绿枝扦插,生产上多用硬枝扦插。

1. 硬枝扦插　选用生长健壮的1年生枝蔓作插条,在4月中旬剪取。插条剪成12~15厘米一段,下端剪成斜茬,上端在顶芽以上1厘米处剪成平茬。50只捆成一捆,浸在清水中,待水分从插条顶端溢出时再用生长调节剂处理,可用吲哚乙酸1000毫克/升溶液浸基部30秒,然后立即扦插。插床要求土壤湿润,插条下部斜插入苗圃地中,株行距10厘米×20厘米,顶端芽埋一层2厘米厚的细土。灌水采用沟灌,搭较高的遮阳棚,夏季过后撤掉。

2. 绿枝扦插　在6月中下旬选取半木质化的当年生新梢,剪成10厘米左右一段。基质可用细炉灰或细河沙,用细炉灰要好于细河沙,能够使根系粗壮,发根较多。最好在大棚内扦插,插床底部先铺一层20厘米厚的壤土或营养土,再铺一层20厘米厚的细炉灰或细河沙,株行距10厘米×10厘米,定时喷雾,保持湿度。插条生根后,根系直接扎入土中吸收营养,就地生长,省去了移栽环节,没有缓苗过程,延长了营养生长的时间,秋末即可出圃。

(二) 根条繁殖

软枣猕猴桃侧生不定根发达，上有不定芽，可用其来繁殖。一般在秋季挖取根条，要求其直径 0.5 厘米，捆好放在窖内湿沙中贮藏。来年春季 4 月下旬取出，剪成 7～10 厘米长一段，在苗圃地里挖 10 厘米深的沟将根条埋入，浇透水，然后覆土踏实。20～30 天开始生根，上部长出枝蔓，3 个月后可成苗。

(三) 嫁接繁殖

1. 砧木苗的培育　9～10 月从生长健壮无病虫害的母株上采集充分成熟的果实，洗出种子，放在通风处稍加阴干即可秋播。春播用的种子播种前 3 个月（1 月中下旬）进行种子层积处理（沙藏），方法是将种子用冷水浸泡 2 小时，捞出后用其 3～5 倍的洁净河沙均匀混拌，沙子的湿度以手握成团但不滴水、放开能散为度。将混匀的种子放在花盆或木箱等容器中，容器底部和上部铺一层 3～5 厘米的湿沙，置于地窖中低温贮藏，温度控制在 2℃～4℃为宜。每隔 15 天左右检查一次湿度，防止腐烂和鼠害。沙藏期间应多次翻动保持上下温度一致。

选择土质肥沃疏松、利于排水的微酸性或中性土壤作苗圃。4 月上中旬开始播种，播种前可用多菌灵进行土壤消毒。播种方法用畦播或条播均可，先在畦面浇透水，待水渗后播种。因种子较小，可连同湿沙一同播下，播种量为 3～4 克/平方米，播后上覆一层 0.5 厘米厚细土，轻轻压实，再用稻草覆盖畦面，用喷壶浇透水，保持湿润。条播时按行距 10 厘米先在床面开深约 1 厘米的浅沟，将种子带沙一起播入沟里，上覆一层 0.5 厘米厚的营养土，再覆一层稻草，浇透水。

春播后要经常保持苗床土湿润，当种子发芽时揭去覆盖物，幼苗长到 4 片真叶时进行移苗。苗出齐后可追一次化肥。待苗长至 6～7 片子叶时，按株行距 10 厘米×20 厘米进行间苗，间下的苗补在缺苗处。在苗木速长期每隔 15 天左右喷施一次 2%～3% 的尿素。为适应其喜阴特性，出苗后可用树枝搭架遮阳，入秋后拆除阳棚,使苗木受光。土壤结冻前灌一次封冻水。

2. 嫁接时期与方法　　枝接在春季萌芽前进行,芽接在7～8月进行。软枣猕猴桃枝蔓髓部空心较大,春季劈接易于成活。

春季劈接要选用优良品种的1年生枝条作接穗,接穗只留一个芽,芽的上端留1厘米,然后在芽的下方3厘米处内侧对称各削一刀,削面长4～5厘米,呈楔形。砧木可用软枣猕猴桃实生苗,在根上方8厘米处短截,在截面中央纵劈一刀,深4～5厘米,接削好的接穗插入,对齐二者的形成层,接穗的削面略高出砧木断面,然后用塑料薄膜绑紧,不透气。嫁接苗成活后及时抹去砧木萌芽,保证接穗的营养供应;当接穗长到30厘米高时,要立支棍,将接穗轻轻绑缚其上,以免被风吹折。当苗高达到50厘米时及时摘心,以增加分枝,促进枝蔓加粗生长。

二、建园

(一) 园地选择及规划

软枣猕猴桃的根系为肉质根,肥嫩,在土壤中分布较浅,既怕干旱又怕涝。因此,在园地选择上宜选在土层深厚、富含腐殖质、土质疏松湿润和排水良好的向阳沟谷两侧或半阳半阴坡的下部及平地或丘陵地上。切忌在涝洼地建园。选好后对园地进行规划,划分作业区和作业道,设立围栏,铺路,挖排水沟,营造防护林。在建园前一年进行土壤改良,坡地要修梯田,施入有机肥后进行耕翻,也可种植绿肥。

(二) 苗木栽植

软枣猕猴桃春秋均可栽植,以秋栽为宜,一般在8月中下旬进行。采用棚架栽培时,栽植株行距为(1.5～2)米×5米。软枣猕猴桃为雌雄异株,栽植时配置授粉树,一般采用中心式,即8∶1,每8株配1株授粉树。

栽植方式采用穴栽。挖60厘米见方的圆坑,施入有机肥并与表土拌匀,栽入苗木,苗木的根部一般与地面平齐或略高于地面,覆土后做树盘,然后浇透水,待水渗后再覆一层细土,并在缓苗期间搭遮阳棚。

在苗木生长期间，如果土壤干旱，应及时灌水，并结合灌水适量追肥，每株施尿素50克左右。如果雨水过多，要及时排水。新梢要及时绑缚到支柱上。到上冻前，苗木基部培20厘米厚的土防寒。

三、土肥水管理

（一）土壤管理

在生长季节，园内行间和树下应进行中耕除草，保持树盘土壤疏松无杂草。中耕深度10~20厘米；除草可用除草剂。幼龄园行间可间种三叶草、紫花苜蓿等豆科作物，初期起到保湿等作用，后期可翻入土中作为绿肥。

（二）施肥

分为基肥和追肥。施基肥在秋季采果后立即进行，顺行向距植株1~1.5米挖沟，沟宽20~30厘米，深30~40厘米。将农家肥或堆肥混合草木灰施入，每株施20千克左右。追肥在花期前后，追速效性化肥，如尿素、二铵，每株施0.25千克；果实迅速膨大期追磷钾肥，如过磷酸钙、磷酸二氢钾等，方法可用穴施。成龄树每株施氮500克，磷150克，钾200克。

（三）灌水

东北地区春季干旱，一般在春季萌芽后灌一次透水，可结合春季追肥进行，如果在果实膨大期天气干旱，可灌一次水；有条件的地方在入冬前灌一次封冻水。软枣猕猴桃怕涝，雨季注意排水。

四、架式与整形修剪

（一）架式

软枣猕猴桃为藤本落叶果树，枝蔓细长，在自然生长状态下，主要依托枝蔓攀缘树木生长。人工栽培条件下，需要设立支架满足其攀缘生长，架式的确定可根据品种的生物学特性和栽培方式而定。软枣猕猴桃生长势强，直立生长的枝条营养生长旺盛，不易形成花芽，而趋向水平生长的枝蔓生长势缓和，形成花芽量大，因而，适于棚架栽培，以水平棚架较为适宜。水平棚架架设方法是沿行向每5～6米设立一个水泥立柱，柱高1.8～2米或2～2.2米。栽植行距4米，株距1.5～2米。两行间立柱顶端拉铁线，中间隔50厘米拉一条铁线，棚上隔60～80厘米拉一条铁线，2～3道即可，枝蔓长满后形成阴棚（图6-5）。

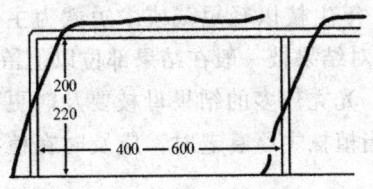

图6-5 水平棚架（单位：厘米）

（二）整形

软枣猕猴桃的生长习性与山葡萄相近，棚架整枝多采用多主蔓扇形整枝，主蔓2～3个，每主蔓上留2～3个侧蔓（图6-6）。

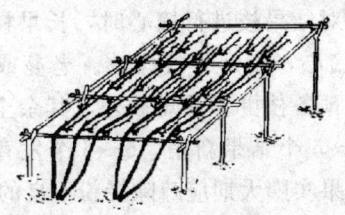

图6-6 棚架多主蔓扇形整枝

在苗木定植的第1年，枝蔓留30厘米定干，当年可萌发2～4个枝蔓，冬季修剪时，将其中生长健壮的枝作主蔓，在60～80厘米处短截，生长较弱的枝条留2～3芽短截，促其第2年从基部萌发强枝，以培养成主蔓，共培养成2～3个主蔓。第2至第3年，每个主蔓上间隔60厘米左右交错选留强枝培养成侧蔓，侧蔓上再培养结果枝，也可在主蔓上直接培养结果母枝。要随时抹除从地面到第一侧蔓之间萌发的芽和新梢，一是避免影响主蔓和侧蔓的生长，二是避免土传病害的发生。

（三）修剪

修剪分冬季修剪和夏季修剪两种。

1. 冬季修剪　一般在秋季落叶后进行，以疏剪和短截为主。疏除过多和过密的细弱枝、病虫枝和衰老下垂枝；对结果枝进行短截，延长枝进行中短截，每平方米保留中长枝蔓4~5个，短果枝一般缓放。1年生枝以轻短截或中短截为主，剪留长度一般不超过80厘米，对结果枝一般在结果部位以上留4~5个芽短截。对结果部位外移、光秃较多的结果母枝要及时更新，在基部健壮更新枝处回缩。当植株主蔓衰老时，应及时在植株基部选留强壮新梢培养新主蔓。

2. 夏季修剪　在生长季进行，主要是调节养分的分配，改善树体通风透光条件，促进整个树体的生长和结果。枝芽萌发时，抹去主蔓及侧蔓上着生位置不当或过密的芽，双生芽的，当长到能辨认出花序时，有花序的留下，另一个疏除；两个都有花序时，留一个强枝。对结果枝进行摘心时，长果枝和徒长性果枝在果上部留6~7节摘心，中短果枝缓放。老蔓或结果母枝上发出的徒长枝，除留作预备枝更新并短截外，其余全部疏掉。一般每平方米架面保留4~5个结果新梢，5~6个发育枝。在花前应疏除过密的花蕾，在果实膨大期应疏除授粉不良的弱小果实。

五、采收与贮藏

软枣猕猴桃的果实为柔软多汁的浆果，采收时期对果实品质影响很大，采收过早，果实未达到成熟度，含糖量低，酸度大，风味差；采收过迟，果实过于软化，营养成分发生变化，风味变差，不利于贮藏、运输和加工。最适采收期一般在果实可溶性固形物达到9%~11%最为适宜。

软枣猕猴桃果期半个月左右，可分批采摘，采摘时带果柄摘下。鲜食用果可装入小木盒或塑料盒，每盒0.25千克、0.5千克或1千克连盒出售；加工用的果实，直接运往加工厂，每桶15~

20 千克为宜。运往外地销售的可在成熟前 2～3 天采摘,此时果实较硬,有利于运输。

软枣猕猴桃不耐贮藏,室温下仅能贮 3～5 天。适宜的贮藏温度为 1℃～3℃,因而可采用气调贮藏,一般能贮 10～15 天。若采用塑料袋抽气包装或气调袋包装,每袋 2～5 千克,在 1℃～3℃下可贮藏 1 个月。

第五节 病虫害防治

一、主要病害及其防治

蒂腐病 为果实贮藏期间发生的病害。初期在果蒂处出现明显的水渍状,后扩展,从果蒂处的果肉开始腐烂,蔓延到全果。

防治方法:

(1) 发病初期剪除病果;

(2) 果实包装时不要碰伤果实;

(3) 贮藏期间通风;

(4) 药剂防治可在开花前后或采收前喷 0.8% 波尔多液或 65% 代森锌 500～600 倍;采果后立即用 70% 甲基托布津可湿性粉剂 1000 倍液泡果半小时。

二、主要虫害及其防治

常见虫害有蚜虫、蚧壳虫、金龟子、红蜘蛛和卷叶蛾等。

防治方法:

(1) 萌芽前喷 5 波美度石硫合剂,以防治蚜虫、蚧壳虫、红蜘蛛;

(2) 开花后喷有机杀虫剂防卷叶蛾、红蜘蛛;

(3) 8 月中旬喷菊酯类杀虫剂防蚧壳虫及其他秋季发生的害虫。

第七章 五 味 子

第一节 概 述

一、营养价值和药用价值

果实具有甘、酸、辛、咸、苦五味，故以命名。五味子本身还是一种中药，主要药效成分有五味子素、五味子甲素、五味子乙素、五味子丙素、去氧基五味子素、$\gamma-$五味子素、五味子醇、$\beta-$谷甾醇等。果实入药，有敛肺止咳、滋肾涩精、生津止汗等功能。五味子还具有良好的兴奋作用，并用于治疗肝、肺、心等疾病。

二、栽培历史与现状

20世纪50年代，我国东北地区开始采集野生五味子果酿酒，具有酒、药两种效用，可消除疲劳，兴奋精神。进入80年代，吉林和黑龙江两省开发五味子饮料，有提神、消除疲劳的作用，苏联学者称五味子可提高人的脑力劳动和体力劳动能力，当一个人必须集中精力来完成一件紧急任务时，服用五味子饮料有相当长的刺激作用而没有毒副作用。

近几年来，北五味子呈供不应求趋势，导致一些人在秋季提早采收和抢收，果实产量和质量低，既影响了加工品的质量，同时又人为破坏了野生资源，不利于可持续发展。

第二节 种类与品种

一、种类

北五味子 属于木兰科北五味子属，在吉林省属于单属单种，落叶藤本植物，主要分布在长白山、小兴安岭以南的完达山、张广才岭和老爷岭的次生阔叶林或针阔叶混交林中，缠绕在乔木或灌木上。

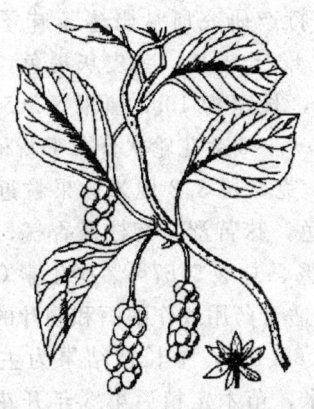

图7—1 北五味子形态（引自戴宝和《野生植物资源学》）

落叶木质藤本，高4~8米，茎皮灰褐色，皮孔明显，嫩枝红棕色，稍有棱角；叶在幼枝上互生，在老枝的短枝上簇生；叶柄细长，1.5~4.5厘米；叶片薄带膜质，宽椭圆形、倒卵形或卵形，叶长5~11毫米、宽3~7毫米，先端急尖或渐尖，基部楔形，边缘有小细齿；上面无毛，下面脉上嫩时有柔毛。花单性，雌雄同株，簇生于叶腋；花被片6~9，花乳白色，内侧基部带浅红色，具玫瑰芳香；雄花雄蕊5枚，基部合生，雌花心皮多数，20~50，分离，螺旋状排列呈圆锥形，子房倒梨形，无花柱；受粉后，花托逐渐伸长，至果实成熟时呈长穗状，浆果肉质、球形，果实成熟时鲜红色，内含种子1~2粒，种子肾形；花期5月下旬至6月上旬，9月上中旬果实成熟。

通过资源调查，收集了100多份优良类型，经过驯化，选育出2个优良品种——红珍珠和长白红。在林中，北五味子分布于高大乔木比较稀疏的地带，缠绕于小乔木或灌木上，缠绕的树种主要有胡桃楸、青楷槭、暴马丁香、色木槭、山杨、稠李、平榛和鼠李等树种上。

二、品种

（一）红珍珠

中国农业科学院特产研究所从野生五味子中选育。蔓细柔软，在篱架上可长到4~5米长；茎皮灰褐色，皮孔明显，单叶互生，叶片阔椭圆形，长宽为10.2厘米×6.5厘米；叶柄紫红色，花单性，黄白色，5~6朵花轮状分布于新梢的基部，雌雄同株。果穗平均重12.5克，长8.2厘米；果粒近圆形，平均粒重0.6克，成熟果深红色，味苦涩，有柠檬香气，可溶性固形物含量5.5%、总糖2.74%、总酸5.87%、维生素C含量18.4毫克/克、出汁率54.5%，适于药用或作酿酒和制汁的原料。

树势强，萌芽率88.7%，中长枝结果为主。篱架栽培条件下，株行距1米×2米，苗木定植后第3年开花结果，第5年进入盛果期。5年生树平均单株产量2200克，公顷产量10 500千克，比同龄移栽的野生北五味子平均增产30%~40%。

（二）长白红

汪清县博维药业集团从野生五味子中选育。多年生木质藤本，浅根系，茎柔软有缠绕性，搭架可攀达5米，幼茎皮光滑，棕红色，皮孔明显，老茎灰棕色，茎皮开裂。叶片互生，倒卵状，深绿色。叶柄鲜红色，平均长2.6厘米，花单性，腋生，白色，雌雄同株。果穗圆柱状，平均重14.5克，长7.9厘米，平均每穗结果22粒。果粒近圆形，平均粒重0.66克，最大单粒重可达1.15克，平均粒直径1厘米，成熟果粒暗红色，果肉味酸，种子有芳香气。醇溶性浸出物冷浸42.5%，热浸42.5%；水溶性浸出物冷浸46.25%，热浸46.00%；总糖3.04%；总酸19.03%；维生素C 19.94毫克/100克。

株行距0.8米×1.6米篱架条件下，3年生平均每公顷产2640千克，4年生平均每公顷产6430千克，5年生平均每公顷产11 200千克，6年生平均每公顷产12 240千克，比同龄移栽的野生北五味子平均增产 45.2%。

第三节 生物学特性

一、生长结果习性

（一）根系

五味子的根系为须根系。即使实生苗，其主根也不明显。当年生苗根系入土较浅，根系伸展幅度窄，在自然条件下，株丛多由地下茎延伸或自然压条繁衍，其根系则由地下茎上发生的不定根组成，这种根系通常在浅层土壤中形成数量较多的须根网络，仅少数根系能发育成较为粗壮的延伸根。

（二）枝蔓

五味子的枝蔓主要由多年生的主蔓、侧蔓、1年生枝和新梢组成。1年生苗生长缓慢，新梢长30～40厘米，2年生生长速度加快。抽枝长短没有一定规律，顶端优势不明显。

五味子的结果枝分3类，即短果枝（不超过10厘米）、中果枝（10～30厘米）和长果枝（30厘米以上）。中长果枝结果能力强。

（三）芽

新梢的每一个叶腋形成一个主芽。多数情况下主芽的附近有1～3个副芽。副芽通常比主芽小，大小不等。有的主芽受损后，副芽中的一个，有时是左右两侧的两个代替主芽。芽形成后即进入休眠，当年不萌发。

五味子的花芽分化能力强。光照良好，生长健壮的新梢，无论是长枝或短枝，其主芽多数都能分化形成花芽，有的副芽也能形成花芽。

五味子的花芽为混合芽。在芽内，花原始体位于雏梢基部周围，通常1～5个。芽的最外面包被鳞片。春季萌芽后，雏梢伸长，叶片长大，在新梢基部着生1～5朵花。

（四）花

五味子的花通常为单性花，雌雄同株。其性别常受生态条件、营养状况以及生长强弱等因素影响而变化较大。阳光充足处的植株雌花比例大，郁闭度大的林下植株雄花多。同一株树，外围壮枝容易形成雌花，内膛和下部的弱枝则发育较多雄花。甚至一枝上不同节位及同一节位不同花，其性别有雌有雄。一朵花通常有 10～50 个心皮，以螺旋状分离排列于同一花托上，呈圆锥形。花期 10～14 天，单花 6～7 天开完，开花的临界温度 0℃～1℃。

（五）果实

开花、授粉受精后，花托逐渐伸长，浆果增大，发育成近于圆柱状的果穗。有人认为五味子是虫媒花，也有人认为是风媒花。自然株丛常因萌芽率高、发枝多而株丛过密影响授粉。人工园改善了生长和授粉条件，坐果率比天然林明显高。

北五味子定植后 3 年开始结果，5 年以后进入盛果期。

二、物候期

（一）萌芽生长期

五味子一般 4 月中旬萌芽，5 月上旬开始展叶，新梢迅速生长。

（二）开花结果期

5 月下旬至 6 月上旬为开花期，6 月中下旬果实开始发育，6 月下旬至 8 月中旬果实增长速度最快，果期较长。

（三）花芽分化期

从 6 月中下旬，营养物质大量积累，花芽开始分化，7 月下旬进入分化盛期，9 月上旬基本分化完毕。9 月中下旬果实成熟。

（四）落叶休眠期

10 月初开始落叶，树体进入休眠期，直至来年 4 月上中旬。

三、与环境条件的关系

（一）温度

北五味子是一种抗寒树种，能忍耐冬季 −40℃ 的低温。在长白山海拔 1700 米的高寒山地以及俄罗斯远东地区北纬 50°左右的寒冷地区可以正常生长，其北部分布线比山葡萄向北 100 千米。因而有学者认为北五味子的抗寒能力高于山葡萄。

（二）光照

北五味子对光照的要求并不高，并具有一定的耐阴性，生长于阴坡的北五味子，只要通风良好，结果率照样很高。通风透光好的空旷地上的株丛生长旺盛，枝繁叶茂，产量较高；在疏林内，虽稍有遮蔽，也能结果；而在郁闭度高的林中，则枝叶生长细弱，结果少或不结果。

（三）水分

北五味子不抗旱、不耐涝，在自然状态下，北五味子主要分布于土壤湿润的地方。在空气和土壤湿润的条件下生长旺盛。一般阴坡上的五味子比阳坡上生长旺盛。

（四）土壤

北五味子对土壤要求不严，以湿润的微酸性土壤生长较为适宜。在长白山，北五味子生长在森林腐殖土中，土层厚 15 厘米左右，pH 值在 5.5~6 之间。

第四节　栽培技术要点

一、育苗

北五味子可采用根蘖繁殖、实生繁殖、压条繁殖、扦插繁殖和组织培养法繁殖。目前生产上主要采用根蘖繁殖和实生繁殖。

（一）分株繁殖

北五味子地下茎发达，3 年生植株的地下茎形成多级分支，贴近地表的水平地下茎上不定芽易萌发形成大量根蘖苗，用分株法使其与母体分离，便可成为新的植株。此法是目前生产上应用的主要方法。但由于根蘖苗根系不发达，需重剪地上部，近地面只留 2~3 个芽，剪去其余部分，调节地上部与地下部的比例。

新根未形成以前，注意灌水，保持土壤湿润。或选择2年生及2年生以上的根蘖苗在春季萌芽前按株行距（0.8~1）米×（2~2.5）米移栽定植于园中。

（二）地下茎段扦插

北五味子硬枝扦插成苗率很低，可采用地下茎剪段扦插。方法是在4月末或5月上旬，挖取优良品种的地下茎，剪成10~15厘米的插条，用ABT生根粉1号100~200毫克/升或IBA（吲哚丁酸）100~200毫克/升液浸泡插长基部10~12小时，或基部速蘸ABT生根粉1号500毫克/升或IBA（吲哚丁酸）1000毫克/升液，插于覆盖地膜的苗床内，株距10厘米，沟深8~10厘米，沟中填一半土后灌透水，水渗后将土填平，上面覆盖草帘保湿。

（三）绿枝扦插

在生长季，6月中旬至7月上旬，选择优良品种或品系半木质化的新梢作插条，剪成2~3节为一段，基部剪成斜茬，顶端只留1片叶，基部速浸蘸ABT生根粉1号500毫克/升或IBA（吲哚丁酸）500~1000毫克/升液，插入洁净河沙或细炉灰或泥炭等基质中，采用全光照弥雾法，或扣棚保湿。经2~3周后可生根，再移入苗圃中培养成苗。

（四）嫁接繁殖

先培育砧木苗，然后进行枝接或芽接。

1. 砧木苗的培育

（1）采种　9月中旬果实完全成熟时采集种子。采后将果实搓破，在清水中将果肉、杂质与种子分离，室内晾干后贮藏。

（2）种子处理　北五味子种子种皮坚硬，具有油膜，影响透水，必须进行催芽处理，处理方法是低温层积4个月以上。一种方法是先清水浸种2~3天，混3倍体积的湿沙拌种露天埋藏或在窖中埋藏。露天埋藏可挖深80厘米、宽1米，长度随种子数量而定。坑底铺湿沙10厘米，种子与湿沙混匀后放入，厚度50厘米，上口以湿沙填平，最上部覆土成丘。播种前取出，置阳光下摊晒，勤搅动，待半数以上种子裂口露白时播种。另一种方法是12月中下旬用清水浸泡种子2～3天，每天换1次水，然后按1∶3的比例将湿种子与洁净细河沙混合在一起，放入水箱或花盆中贮放，温度保持2℃～5℃，沙子湿度通常用手握紧成团又不滴水为度。北五味子种子层积处理所需要的时间在90天，播种前半个月左右，把种子从层积沙中筛出，用凉水浸泡3～4天，每天换水1次。浸水的种子种皮裂开或露出胚根即可播种。

（3）苗圃地选择　苗圃地应选排水良好、地势平坦、土层深厚肥沃、土质疏松的土壤。深翻细耙，施足基肥，起土作畦，畦面平整。

（4）播种时期和方法　4月下旬至5月上旬播种，散播或条播均可；播前灌透水，水渗后及时播种、镇压并覆土1厘米，床面覆帘或草保墒。播种量每公顷50千克。

（5）苗圃地管理　幼苗出土期保持床面土湿润，半数幼苗出土及时撤除覆盖。当幼苗长到4片真叶时间苗移植，株距8～10厘米。此期的田间管理主要是少量多次浇水，预防日灼和晚霜危害幼苗；及时除草、追肥、松土，定期喷1％波尔多液。

2. 嫁接时期和方法　枝接在春季上中旬进行。选较为粗壮的砧木苗，基部留8厘米剪截，将采集的优良品种1年生枝作接穗，采用劈接法，接口上留1～2个芽，用塑料薄膜绑缚接口并在旁立树枝绑缚，以免被风吹折。8月上旬伤口完全愈合后解除绑缚物。芽接在7月下旬至8月上旬进行。

（五）实生繁殖

由于缺乏优良品种苗木，一些地方和个人采用实生繁殖培育北五味子苗，但生产上不提倡实生繁殖。

二、建园

（一）园地选择

五味子适于湿润气候，微酸性（pH值5.5～6）土壤，15°以下的缓坡地段，由于它的喜光特性，建园以阳坡为宜。园周围有排水沟，便于将园内积水排出。

(二) 定植

1. 定植前的准备 秋末按行距挖深40厘米，宽50厘米的栽植沟。沟挖好后施入腐熟有机肥，每公顷6000千克，与土混匀，踏实并回填土。

2. 栽植 五味子苗木在4月中下旬定植。株行距0.75米×(2~2.5)米为宜。栽苗前把贮藏的苗木取出，放在清水中浸泡1天，根系较长的剪留15厘米。栽植点距架线15厘米左右，挖直径30厘米，深25厘米的定植穴，挖出的土拌入50克过磷酸钙回填到穴内一半，把苗木放在穴内，根系要分布均匀，然后回填剩余的土，将苗置于坑中央培土至一半时轻轻提苗，使根系与土壤密接，填平土，踩实，做树盘，浇透水。水渗下后将树盘的土埂耙平，用土把苗木的地上部分埋严，7~10天后扒开土堆。

三、土肥水管理

(一) 土壤管理

一年中耕除草3~5次，深度10厘米左右，及时清除杂草；果实采收后进行全园深耕，深度20厘米左右，9月下旬完成。

(二) 施肥

关于五味子施肥，目前尚未有科学施肥的报道。传统方法是秋施基肥为主，每公顷施农家肥20 000~40 000千克。每株施腐熟的农家肥2.5~5千克，尤以猪粪类效果明显。施肥方法是在架的两侧开沟隔年施肥。每年追肥2次，第1次5月下旬追尿素或硫酸铵，每公顷200千克左右，第2次在7月末追磷酸二氢钾，每公顷400千克左右，在生育后期多追磷钾肥，以利于果实发育和花芽分化。

(三) 灌水

盛果期要定期灌水，封冻前结合施肥，再灌1次封冻水。

四、架式与整形修剪

(一) 架式

北五味子1年生主蔓平均长30~40厘米，2年生主蔓平均长

80～100厘米，3年生主蔓平均120～150厘米，因五味子枝条柔软，当主蔓长到35厘米左右及时搭架，架式可用篱架（图7-2）、斜面篱架（图7-3）和斜面棚篱架（图7-4）。

1. 篱架　是生产上最常用的架式。可按0.75米×2米的株行距，在定植后第2年，靠近树行，架设篱架，架高1.8～2米，架面分布3～4道铁线，将枝蔓引缚至架面上，均匀分布开。这种架面构造简单，使用方便。缺点是果穗多分布在枝叶里，不便昆虫传粉，果实着色差。

2. 斜面篱架　分为单斜面和双斜面篱架。第1年按0.75米×2.5米的株行距栽植，第2年沿树行搭倾斜度60°的斜面篱架。架斜高1.8～2米，架面分布3～4道铁线，每年将修剪后的主蔓和长果枝均匀地绑缚在架面上。其优点是支撑架为三角形，比较稳定，对架材要求不严格，林区用不太粗的木杆即可作支架；在斜架面上，新梢向上生长，花悬垂于架下有利于授粉，果穗悬垂于架面下，不受叶遮挡，果实着色好，采收方便。

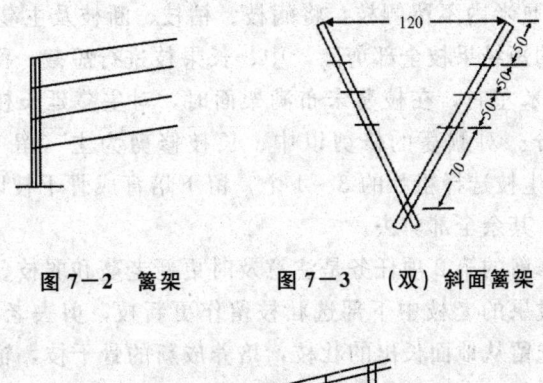

图7-2　篱架　　　图7-3　（双）斜面篱架

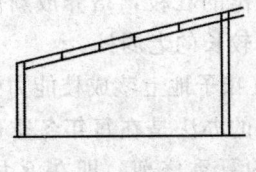

图7-4　斜面棚篱架

3. 斜面棚篱架 由篱架和棚架两部分组成。篱架部分高1米，与地面垂直，拉铁线两道；棚架部分为斜面，长度1.5～1.8米，与篱架呈60°角，拉铁线2～3道。株行距可按0.5米×2.5米。枝蔓在架面上摆布均匀。此架式综合了篱架和斜面架的优点。

(二) 整形修剪

整形修剪的目的是为了避免枝条自缠或互缠，增加通风透光性，减少养分的消耗，提高产量。五味子四季可修剪，但以冬季修剪和夏季修剪为主。

1. 冬季修剪 在休眠期进行。由于北五味子萌芽力和成枝力强，地下茎易生萌蘖，梢尖有寻找支撑物的缠绕习性，枝梢常常相互缠绕，造成枝蔓过密，分布杂乱。冬季修剪的首要任务是整枝，先将大枝蔓在架面上均匀摆布开，再将枝梢先端缠绕的部分剪开，细弱部分疏掉；过密处的枝蔓疏除一部分，每平方米架面留枝量在20个左右。在冬季修剪时，剪口离芽眼2～2.5厘米，离地表30厘米内不留侧枝，将病枝、枯枝、断枝及主蔓下部10厘米以下的短结果枝全部剪除，中、长果枝进行短截，留下枝条间距15厘米左右，在枝蔓未布满架面时，对主蔓延长枝只剪去未成熟部分。对侧蔓的修剪以中、长枝修剪为主（留6～8个芽），对基生枝选择粗壮的3～4个，留下培育成骨干枝以备第2年结果用，其余全部剪去。

冬季修剪的第2项任务是注意及时更新老蔓和弱枝蔓。方法是在已结过果的老枝中下部选壮枝留作更新枝，剪去老弱部分。同时注意选留从地面长出的壮枝，培养成新的骨干枝，轮流更替那些结果多年、光秃带较长的老弱枝。

2. 夏季修剪 北五味子地上茎成枝能力强，常形成枝叶过密的树冠。调整枝量最好的办法是在每年冬季修剪的基础上，于生长初期进行一次细致的夏季修剪。即在5月下旬，新梢生长至10～20厘米时，将过密的、细弱的新梢抹去，此时枝短叶小，可看清新梢的分布情况,能准确确定各部位的留枝量,也容易辨别弱枝和壮枝,及时去弱留强,保证壮枝结果。

从地下茎长出的萌蘖枝,除选留几个壮枝作更新枝外,其余除掉。到秋末,梢尖有一段生长细弱、木质化程度较差,越冬后易干枯。可在8月下旬剪梢时剪去这段细弱部分,促进留下的新梢加粗及芽的发育,提高来年的萌发力和坐果率。

五、果实采收与分级

(一) 果实采收

北五味子果实一般在9月中下旬成熟,9月末至10月初采收质量较高。此时浆果紫红色,已完全成熟,果皮厚,有油层,晒干后色泽新鲜,有光泽,有效成分含量高,质量好。采收过早,则浆果未成熟,晒干后发黑,无油层,成焦粒,有效成分含量低,质量差;采收过晚,易落粒,造成减产。

采收时选择在晴天上午,露水消失后进行,用采果剪先剔除破损、腐烂变质的果,然后剪下果穗。注意少伤枝叶。采后及时运往加工厂或药厂。暂不能运出的,要放在阴凉处贮放,不要大量堆积,以免发热腐烂或压破果皮。

(二) 果实分级

目前依据药典进行分级。

一等品:表面红色、紫红色或暗红色,果肉柔软、皱缩,显油润,抓到手里无潮湿感,具有黏性,取下果皮,种子应有光泽,种皮薄而脆,种子1~2粒,饱满、粒大,呈棕黄色,用手挤压有油渗出。杂质低于5%(杂质包括虫蛀、霉变、不成熟者、非本品或非药用部位),水分含量不超过5%。

二等品:表面红色或浅红色,出现"白霜"的量不超过30%,果肉稍硬、皱缩,油润稍差,抓到手里松散,无黏性,取下果皮,种子应基本饱满,光泽稍差,种皮薄而脆,呈白黄色,用手挤压有油渗出。杂质低于7%~8%,水分含量不超过7%。

三等品:表面灰红色,出现"白霜"的量不超过60%,果肉干瘪，无油润，抓到手里松散，取下果皮，种子不饱满，不成熟，光泽稍差，种皮呈灰白色，用手挤压油渗出少。杂质低于10%，水分含量不超过10%。

第五节 病虫害防治

一、主要病害及其防治

（一）叶枯病

真菌病害，5~7月发病。先由叶尖和叶缘开始干枯，渐扩大至整个叶片，严重时叶片脱落，果实萎缩，出现早期落果。

防治方法：

（1）可用1:1:100的波尔多液预防，在5月中旬每隔7天喷1次；

（2）发现病叶立即摘除，并喷施70%甲基托布津可湿性粉剂500倍液或50%代森锰锌500倍液交替使用。

（二）白粉病

真菌病害，6月发病。初期叶片背面出现白粉状病斑，严重时蔓延至整个叶片。

防治方法：

（1）可用1:1:100的波尔多液预防，在5月中旬每隔7天喷1次；

（2）发病后喷25%粉锈宁1000倍液或70%甲基托布津可湿性粉剂800倍液；也可喷0.3~0.5波美度石硫合剂。

（三）黑斑病

真菌病害，6月发病。初期叶片表面发生不规则黑斑，严重时扩大至整个叶片，造成干枯脱落。

防治方法：

（1）可用1:1:100的波尔多液预防，在5月中旬每隔7天喷1次；

(2) 50％的代森锰锌 600 倍液或 50％多菌灵 800 倍液 7～10 天喷 1 次，连喷 2～3 次。

（四）叶锈病

真菌病害，发病期 5～7 月。叶片出现黄色粉状锈斑，发病较轻。

防治方法：

(1) 可用 1∶1∶100 的波尔多液预防，在 5 月中旬每隔 7 天喷 1 次；

(2) 发病后喷波美 0.3 波美度石硫合剂防治，或 25％粉锈宁 1000 倍液，或 70％甲基托布津可湿性粉剂 800 倍液，或 50％退菌特粉剂 800 倍液。

二、主要虫害及其防治

主要害虫为食心虫、天幕毛虫、卷叶虫，5～8 月发生。

防治方法：

(1) 用 20％速灭杀丁 2000 倍液喷杀食心虫和天幕毛虫；

(2) 卷叶后用 40％乐果乳油 1000～1500 倍液喷雾防治卷叶虫。